中原智库丛书·青年系列

空间与技术

"互联网+"时代的生存与实践

SPACE

S&

TECHNOLOGY

survival and practice in the era of "Internet +"

董 琳 著

社会科学文献出版社
SOCIAL SCIENCES ACADEMIC PRESS (CHINA)

目　录

绪　论

　　它们不厌其烦地执行人的指令，它们收集世间万物的知识，供人顷刻之间随心调取；它们是现代社会的中流砥柱，但其存在却往往备受忽视。

——〔英〕彼得·本特利《计算机：一部历史》

一　背景与意义：根茎与大树

　　互联网正在且已经深刻地改变了世界和我们。世界上第一台电子计算机于1946年诞生，在此后的约20年里，英国计算机科学家唐纳德·戴维斯就提出了在分组交换技术的基础上，建立一个覆盖全国的数据网络。美国的国防部高级研究计划局所赞助的研究项目阿帕网于1969年问世，这是我们现在互联网的前身和雏形。20世纪80年代以降，随着计算机日益小型化并普及个人用户，计算机通过网络协议将全世界逐渐连接在一起，构筑成一个复杂的网络空间系统，并悄然地进入人们的日常生活领域，成为人们生产和生活中不可缺少的技术条件，并且随着互联网的深入发展，它也无形中成为我们日用而不知的一种生存工具。

　　特克尔（S. Turkle）在1995年曾说过："一个统称为互联网的快速扩张的网络系统将数百万人链接起来，它展现了一个崭新的空间，正在改变着我们的思维方式、性别特征、社会组成形式以及我们自己的身份认同。"[①] 的

---

① 〔意〕卢西亚诺·弗洛里迪主编《计算机与信息哲学导论》，刘钢译，商务印书馆，2010，第229页。

确如此，时至今日，在每天的日常生活中，通过电脑、手机等终端设备，世界各地的信息都可以呈现在屏幕之上，以文字、图片和音像的方式进入我们的感官、思想和认知。在这样的境域中，似乎与以往有所不同，我们的身体通过触摸终端界面，就可以在一个计算机和互联网生成的空间中畅游，从中迅速获取信息，查阅资料或购买商品，与亲朋好友跨越时空交流，在自己的账号或专栏发表自己的生活感悟和意见看法等，我们的生活方式发生了巨大的变化。

计算机和互联网技术生成了一个与传统物理时空不同的新世界，它是由计算机二进制"1"和"0"编码构建的虚拟现实，构成了信息时代经济社会发展和人之存在不可或缺的技术条件和广阔新场景，人在其中被称为"数字化生存"。历史地看，空间作为一个概念和事实，一直都是哲学的对象，互联网所塑造的空间对于人们生存和生活方式的影响，所凝聚的时代精神和意义逐渐显露，也应成为哲学更为关注的领域。

科学技术是第一生产力，我们国家高度重视计算机和互联网技术的研究、发展与应用，以及它在经济社会和生产方式变革中的巨大作用。2015年，我国政府提出"互联网+"战略，以全面推动新的经济形态和产业结构的融合发展。阿里研究院认为，所谓"互联网+"，就是指以互联网为主的一整套信息技术（包括移动互联网、云计算、大数据、物联网等配套技术）在经济社会生活各部门广泛扩散和应用，并不断释放数据流动性的过程。"互联网+"意味着人们的日常生活几乎全部被数字化了，在一定程度上，虽然物理空间仍然是物质实在基础，但它似乎成为互联网空间的附属，或者说，互联网空间在物理和社会实在性空间之根茎上长出了枝叶繁茂的参天大树，而人们除却基本的需求，都生存于这棵虚拟现实之树的枝叶丛中。

互联网塑造了新的经济社会发展空间。从技术的层面而言，互联网天生含有万物互通互联的内蕴和禀赋，它本身就是一种空间形态，可称为互联网空间，内在包含"互联网+"空间，因为空间的特性之一即是连接和沟通。从实践角度而言，"互联网+"凸显了将各种事物通过网络加以链接的技术实践与样态。如果将二者分出层次上的差异性，前者是计算机网络技术的数字化、符号化建构，呈现出信息拓扑结构的虚拟化空间，后者是虚拟与现实的交互与统一，在我国主要是指涉互联网与经济社会各行业各部门的具体连接。在本书中，从空间哲学的角度来审视互联网空间与"互联网+"空间的逻辑和实践关系，二者在概念上是等同的，在基本内涵上是一致的，即它们都是通过计算机、网络技术和各种交换软硬件以及终端设备，将人、社会与事物连接起来，形成了一个数字化的生产生活空间，并逐步构成了信息时代人的生存方式。

空间不但是一个理论问题，也是一种方法论，更是一个现实问题。"互联网+"空间较之物理空间和传统社会空间，是人类科技、社会和文化发展水平的集中体现和复合型建构，体现了人类实践的深度和广度，具有深邃的价值意蕴。本书从空间哲学角度对计算机和互联网所建构的新型空间形态的本质、特性、技术禀赋，互联网时代人的生存方式，以及"互联网+"实践价值的双重性等进行较为系统的研究，具有一定的理论意义和现实意义。

二 人、技术、空间与互联网

空间，是一个古老而常新的问题。那么，空间是如何发生的呢？从发生学和生存论的角度看，在于人与自然的分离。当人从自然界脱胎而出，自我意识将人抛入了一个令人茫然的无定向世界之中，人不再像动物那样，只在它所属的那个种的特定的尺度上生存，按照自然所演定的界限和应激模式而行动，而是在任何一个种的尺度上行动。正如恩格斯所言，动物仅仅利用外部自然界，单纯地以自己的存在来使自然界改变；而人则通过他所做出的改变来使自然界为自己的目的服务，来支配自然界。[1] 以现代哲学的概念来说，人作为主体去改造作为客体的自然。马克思说："主体是人，客体是自然"，"主体也始终是意识或自我意识，或者更正确些说，对象仅仅表现为抽象的意识，而人仅仅表现为自我意识。"[2]

---

[1] 《马克思恩格斯选集》（第3卷），人民出版社，1972，第517页。
[2] 《马克思恩格斯全集》（第3卷），人民出版社，2002，第319页。

自我意识使人具有思维和实践的能力，就一般性的意义来说，也就是能够在自我与他者、必然与自由之间做出区分的能力。但人并不适应这种疏离感，而是力图弥补这种隔膜，在这种相互"间融"（我们在第二章将论述这个概念，它也是互联网空间的特性之一）的过程中，空间就在思维和意识之中既被抽象化又被具体化了。这是空间发生的生理和知觉基础。这么说并不是认为时间等人存在的其他要素不重要，而是从空间的视角来看，人与世界的分离与再融入，构成了人们实践的内在动力。

人与自然和世界的分离，通过劳动和实践的方式加以再次整合，正如恩格斯所说，劳动是从制造工具开始的。当人开始制造和使用工具，也就对世界进行了解蔽，工具的上手性使得人通过工具这个中介与世界发生了深刻的关联，包括物质、能量、信息和心理的交互，以及确立人在世界中的位置，从而让人不再处于放逐之中。从利用外部条件来达到自己的目的性而言，制造工具即是技术本身，技术在此与空间开始了碰撞与交融。或者说，空间在属人的自然意义上，是人的身体、心理和技术共同建构的。

吴国盛认为，从广义上说，技术包含了身体技术、社会技术和自然技术，而技术可以被视为人的一种存在方式。[①] 以此而论，在原始时代的墓葬中发现死者身体安置是有特定朝向的，有的向着日出的东方；现在仍处于原始部落阶段的人尤为注重身体彩绘；等等，都是人与空间发生关联的技术手段。古希腊亚里士多德的空间观将地球放置到中心，完美的神灵则在圆形的天球层之上。我国古代的观象授时，既是为农业的耕作提供时空的节律，也为政治权力、人的生存境遇等提供先验的明证。在西方的中世纪，宗教信仰充分利用了身体技术，如各种祈祷和礼拜仪式等，是为了将人与神灵"沟通"，实现人在世界上的整体性"融入"。因而，古代的空间观念，以及为建构某种空间而采取的技术，涉及人的生存方式方面，主要是身体技术和社会技术，自然技术也被纳入生存意义的建构之中，而且具有一定虚拟的特征。但这种虚拟更多的是一种个体心理学意义上的，因而

---

① 吴国盛：《技术哲学演讲录》，中国人民大学出版社，2016，第1、65页。

也就不具有直接的现实性。

近代以来，科学和技术兴起，推动了古代信仰的没落和资本主义工业化大生产的兴盛。科学和技术倡导理性主义，但未能给人建构一个有意义的世界，牛顿力学建构了几何化、背景化的空间观，空间不再像古代那样充满了情感和价值，技术给人所能提供的只是一个纯粹的物的世界，人的自由发展和创造力都被当代自然技术的"座架"和社会技术的"巨机器"所控制，人的心理和精神在空间中消隐不见，这也是马克思所言的"物的依赖"，这就导致人的物化和异化。

但人不能够一直生存在这种物化状态之中，他要向着自身创造力的始源回归，并重新建构新的存在之连接和心情之关切。计算机和互联网技术是对工业化技术无价值状态的一种超越。在此，我们知道，技术作为一种人与世界沟通的方式，既作为二者中介，也作为人的组成部分（身体的延伸和反馈等）构建人的生存的样态。这就是一种属人的空间形态，而不是纯粹自然意义上的空间，同样也不同于近代以来牛顿力学的绝对时空。因而，所谓空间，如果将技术因素纳入进行考虑，它与人确定自身的位置、与外界交换事物有关，同时也是一种存在的样态。计算机和互联网技术所构造的空间亦是如此，它是人通过技术手段塑造的属人的、虚拟的，但又具有直接现实性的存在和交互模式。

从技术角度看，计算机和互联网技术与以往的工业技术，如蒸汽机技术、汽车技术、自动化生产流水线作业等，存在不同。传统的技术是一种纯粹的、线性的、单一性的机械力学系统，其复杂性在于不同物件部分的组合度，其目的则是物质和能量的转换与输出；而计算机和互联网技术则是非线性的、并行式的信息生成系统，计算机可以进行数值计算，又可以进行逻辑计算，还具有存储记忆功能。计算机与互联网是关于信息的生成与输出。

对于传统技术而言，其内部并不能生成空间，虽然它也是由各种部件的相互关系组合而成。这主要是因为，传统的技术本身，以及它与所处理的东西之间是线性的、一维的时间性关系，因而人通过技术所引发的知觉上的广延和深度并非技术自身的特性，而是事物和人的关系特征，技术在此更多的是作为一种中介。计算机与互联网则有着自身的构成和显示，并通过信息来虚拟现实世界，以信息的方式将世界再现并储存在其特定的软件和硬件系统。

计算机具有独立的空间形态，是二进制的数字化空间，通过二进制系统的编码，在其中生成了整个现实世界的一切，"互联网+"空间就是在这个基础上，通过网络技术链接而成，而散布在世界各地的个人计算机或大公司的超级计算机等，是这个庞大的网络空间的节点，犹如分散的大脑。因而，可以说，"互联网+"空间自己本身构成了一个世界和社会，它是在计算机空间的基础上拓展而来，各种模拟信号（或自然信息）经由计算机生成数字化形态，通过网络传输技术，传递到每一个接收终端，再转化为自然信息，呈现给我们熟悉而又陌生的世界。

计算机和互联网空间的诞生，是对以往的扬弃和超越。传统的技术与人构建的世界仍然是现实性的物质和能量。对于世界之状态的描述和模拟是有限的，从而与精神的无限的创造力仍然处于矛盾之中。古代的身体技术，如宗教的仪式具有虚拟化的特征，但对人而言，不具有直接的现实性。工业技术只是一种物质结构的机械组合。计算机和互联网技术的出现，与之前的技术特性有质的不同，它模拟了自然事物所表征出的信息特征及结构，并通过数字化的方式进行创造和重构，在界面上向着人显示出来。

由之，人拟构出了精神和意义层面的新型数字化空间，计算机和互联网空间的无限并非物理意义上的而是创造意义上的——从物理角度而言，计算机和互联网空间是有限的，只局限于服务器界面之内——它是人自身的产物与投射，同时又能通过界面交互来实现二者的分化与统一。实际上，就计算机和互联网空间的包围性而言，人再次确定了自身的位置，如果说以往空间中人的处境是被自然所塑造的，那么现在人开始主动创造，人既是计算机和互联网空间的一部分，又是它的创造者，也能够超越它。因而，通过计算机和互联网空间，人将身体、事物与精神都统合于自己所创造的拟构性世界图景之中。"互联网+"空间是虚拟的现实化与现实的虚拟化的内在统一，表明了人的精神与物质在技术解蔽和符号实存意义上所具有的一致性。

三 相关学术背景与研究动态简述

（一）国外相关研究学术史梳理及研究动态

1. 学术史梳理

空间既是人类的存在方式，也是哲学的基本问题之一。从学术史的角度审视之，空间哲学主要有三个重要维度。

其一，揭示人在自然中的位置，即宇宙论层面。这涵盖古希腊至中世纪的空间观。亚里士多德提出有限而封闭的宇宙理论，它是托勒密体系的重要来源，成为中世纪后期基督教的神学支柱，既论证了神圣世界的和谐与秩序，也肯定了地球是宇宙的中心，人则是上帝造物中最为高贵的存在者。

其二，寻求人类知识的基础和真理的来源，即认识论层面。这涵盖了空间与近代以来的科学和哲学。牛顿力学将空间构建为几何化的运动参照系，即三维、连续、均匀的绝对空间。康德的空间哲学是为知识提供普遍性的基础，空间是先验的感性直观形式。（康德：《纯粹理性批判》，2010）这两种空间观对后世影响极大，也有消极方面。正如福柯所言，"空间被当作僵死的、刻板的、非辩证的和静止的东西。相反时间是丰富的、多产的、有生命力的和辩证的"。（M. Foucault，*Questions on Geography*，1980）

其三，表达人存在的境遇和生存的建构，即存在论层面。20世纪以来，空间哲学研究从多方面得到了拓展。海德格尔的空间关切此在的生存方式，（海德格尔：《存在与时间》，2006）亦表现为作为现代人"天命"的技术"座架"。列斐伏尔等后现代地理学家认为空间是不断生产的过程，既生产物质、权力和关系，也生产人本身，包括情感、意志和精神。（列斐伏尔：《空间的生产》，1974）后现代哲学家如福柯、波德里亚等人，建构后现代主义的空间意蕴，诸如权力、符号、拟像等。这都为互联网空间的哲学研究提供了极富有启发性的思想资源。

2. 研究动态

空间哲学深刻反映了人类对自然、社会和自我的认知、拓展与深化，呈现出了从前工业时代的自然空间到工业时代的人化空间，再到互联网时代数字空间的技术、文明与生存的发展历程。迈克尔·海姆称互联网时代的显著标志是信息的极大涌流，但我们还缺乏将其组织起来的固定中心，计算机不应控制人类的本质。（迈克尔·海姆：《从界面到网络空间》，1999）尼古拉·尼葛洛庞帝认为，互联网空间的基本特征是数字化的信息世界，与以往原子构成的世界不同，互联网空间完全是由比特（bit）所建构。这是人类的新空间，展现了截然不同的特性。（尼古拉·尼葛洛庞帝：《数字化生存》，2017）

互联网空间与信息哲学有着紧密联系。维纳将信息纳入哲学视野，认为信息既不是物质，也不是能量，信息就是信息。（N. 维纳：《控制论》，1962）大数据是互联网空间的直观现象。柏根和伍德华德从哲学角度来分析数据与现象之间的理论关联。（J. Bogen，J. Woodward，《拯救现象》，1988）马克·波斯特考察了电子媒介语言与传统交往方式的差异，认为这种嬗变深刻影响人感知自我和现实的方式，并将电脑科学的兴起与资本主义生产方式的变迁相对应。（马克·波斯特：《信息方式：后结构主义与社会语境》，2014）

互联网空间的价值意蕴被认为是充满变革性、自由性、公平性。比尔·盖茨曾说，互联网将为商界带来一场革命。（比尔·盖茨，1995）互联网空间也将开启一个文化民主的新时代，促进全球理解、振兴民主和消除异化消费，并使得权力重组。但也有不一样的声音，詹姆斯·柯兰等人认为，互联网的这些预言是否已经成真，需要检验和重新审视。（詹姆斯·柯兰等，《互联网的误读》，2015）

（二）国内相关研究学术史梳理及研究动态

1. 学术史梳理

我国空间观呈现出三个方面的重要特征：其一，三维广延的朴素空间观。古人以"宇"表示空间，"四方上下谓之宇"。（《文子·自然》）《墨经·经上》说："宇，弥异所也"，弥异，即是差异与区分。《经说》解释说："宇，东西家南北"，"家"是空间方位参考点。古代空间观以中心为轴点，即以生存之地和身体象征作为对象局部中心和局部坐标系，形成了独特的空间观念体系。这说明了身体技术和身体空间的构建与人确立在世界上的位置密切相关。

其二，"礼"的空间体系化，将空间与人伦生活、国家政治和建筑图式密切关联。如，礼是城邑的设计原则；等级化的赋贡空间体系；"国、野"一体的空间体系等。（张杰：《中国古代空间文化溯源》，2012）

其三，数字化空间。至秦汉时期的知识体系已经形成一个数字化的网络空间，它是一个从终极关怀到知识技术可以涵盖一切的意义空间。自然、社会、人已经被包容在一个由"一"（道、太极、太一）、"二"（阴阳、两仪）、"三"（三才）、"四"（四象、四方、四时）、"五"（五行）、"八"（八卦）、"十二"（十二月）乃至"二十四"（节气）等构成的数字化网络中。（葛兆光：《中国思想史》，2005）

2. 研究动态

互联网空间研究在我国目前呈现出蔚为壮观之势，这既是由于"互联网+"国家战略推动，也是由于理论和现实的需要。哲学角度的互联网空间研究涵盖以下几个方面。

首先，互联网与物联网的哲学研究。常晋芳认为，人类正在从工业时代走向信息时代、网络时代，或者说人类正在经历从 A 到 B 或 D，即从原子（atom）时代向比特（bit）时代或数字（digital）时代的变革。网络时代的变革与发展呼唤着深刻而全面的哲学反思，即用网络的方式研究哲学，从哲学的角度思考网络。（常晋芳：《网络哲学引论》，博士论文，2002）张果在其博士论文中通过解读网络空间的本质与特性，考察了网络空间在当代社会发展中的功能和意义。（张果：《网络空间论》，博士论文，2013）

王治东认为，"物联网技术"是互联网借助传感技术由虚拟空间向现实物理空间拓展的一种新的技术形式。这种技术带来了人类生产方式、生活方式、思维和思考方式的变革，物联网技术之"网"的构架是人类生存的现实空间。（王治东：《"物联网技术"的哲学释义》，2010）肖锋认为，作为"第三代信息技术"的物联网，使互联网在网络对象、网络功能和网络范围内得到了进一步扩展，由此引发了新的哲学思考，涵括信息与物质的关系问

题,并深入探讨它对人的异化、对物的自然性即自身的限度等。(肖锋:《从互联网到物联网:技术哲学的新探索》,2013)

其次,虚拟现实研究。虚拟现实的哲学研究从虚拟技术拓展到了虚拟空间与虚拟生存领域,这实际上也是互联网空间的一个部分。金吾伦认为,虚拟现实(Virtual Reality)首先是一种动态选择的数据技术系统;其基本特征是沉浸—交互—构想,即"3I"(Immersion-Interaction-Imagination);从哲学上看,VR 是计算机创造和生成的一种新的实在,它表明了世界的多元性。(金吾伦:《千年警醒——信息与知识经济》,1998)杨富斌认为,虚拟实在技术导致产生了一个崭新的世界——虚拟世界。虚拟实在是具有客观实在性的物质现象,但它本身还不直接就是客观实在,它是客观实在的"数字化模型"。(杨富斌:《虚拟实在与客观实在》,2001)

最后,互联网空间虚拟生存研究。代表学者是贾英健。他从分析技术的历史性变革入手,揭示由于技术的革新导致网络时代到来进而引发人类生存方式的虚拟性变革,并对虚拟生存这一生存新形态进行了全面分析,探讨了虚拟生存的超越性本质,人在其中的自由发展等问题。(贾英健:《虚拟生存论》,2011)唐魁玉认为,从现代心灵哲学的观点看,虚拟空间中的心身关系问题是一种"随附性生活"问题。由于网络化生存状态是基于"身体不在场"而实现的,心灵与互联网空间存在着复杂的关系。在本质上,虚拟化就是心灵、身体与互联网和谐同一的社会映射及文化表征过程。(唐魁玉:《心、身体与互联网——一种虚拟世界心灵哲学的解释》,2007)

四 主要内容与创新之处

(一)主要内容

本书共分为六个部分。

绪论部分概述了本书的背景和意义,简要论述了互联网作为一种信息技术,是传统技术内在演进的必然结果。同时指出,它与人的内在创造性和虚拟能力有直接的关系。人与技术共同建构世界存在的属人的样态,然而,通过计算机和互联网空间,人不但创造了新的世界,也重塑了自己的身体和精神存在的整体性结构。

第一章主要论述了空间哲学的几种观点，包括关系论、实体论和属性论，并简要说明了数学几何空间和物理学中的机械力学空间，以及肇始于康德的空间先验论，即将空间视为人的先天的认识形式。简要概述了中国和西方空间哲学的发展脉络、思想特点和具体展现。

第二章探讨了互联网空间的本质、内涵及其特征。本书认为，计算机和互联网所塑造的空间的本质是二进制编码的生存实践。它造成了信息方式的变迁，开辟了一种元空间，在某种程度上确定了比特（信息）的本体论地位。互联网空间作为一种技术构成，对于当代人而言是一种解蔽。互联网空间的特性在于间融性，即它与人的物理间隔和精神融合；同时也具有界面性，即通过终端设备的屏幕实现现实世界与虚拟世界的连接。

第三章主要讨论了互联网空间的技术禀赋，以及互联网新型技术所塑造的空间图景。就技术本质而言，互联网空间是处理关于信息的事物，从而历史地看，与以往技术相比较，计算机和互联网技术是从物质、能量到信息处理的进化。如果从传媒的角度看，计算机和"互联网+"技术达到了一个历史性巅峰，开启了信息交互革命，并通过大数据、云计算、物联网等技术建构了统计性、去中心化和非接触性的空间模式。

第四章主要论述互联网空间与人的生存方式的变革与构建。按照马克思主义的观点，人的存在方式从农业时代"人的依赖"阶段，到资本主义工业化时代"物的依赖"。互联网由于其创造性的技术，开创了虚拟现实的生存方式，因而是对前两者的扬弃，呈现出否定之否定发展的特点。互联网的数字化生存方式，加深了人与世界的关联，并通过虚拟现实建构了较之以往整体性的生存结构。

第五章主要分析互联网空间多维度的价值和实践。互联网作为一种复合型的技术形态，其空间内涵也是多向度的。互联网空间对时代的世界观或者说时代精神有着直接的影响，引发了思维和认识方式的变革，推动了经济社会和生产方式的拓展。但与此同时，互联网作为一种信息技术形态也具有负面的功能。它具有控制性特征，并由此而导致普通互联网居民信息的匮乏，人们对互联网空间缺乏深度思考,而更多的是肤浅的意见。此外,互联网还具有全球性。

（二）创新之处

第一,本书认为,从空间哲学来看,"互联网+"空间是虚拟空间、物理空间和社会空间的统一,是对以往空间的颠覆性变革,蕴含着新的生存方式与时代精神,它建构了一种复合型空间,其生成逻辑、技术本质特征和现实价值有深邃的哲学内涵,具有一定的理论创新。

第二,空间哲学也是一种方法论,本书从空间出发,研究互联网空间及其本质、技术特性和生存方式,为"互联网+"提供了较为新颖的研究视角,在研究方法上也有一定的创新之处。

第一章
空间与空间哲学概述

空间，无论从何种意义上而言，都是人所生存和创造的一种存在。对于这种既是人们存在的前提，又是思考的对象，同时也是创造的结果的存在物，这三个方面——空间、空间哲学与人本身既独立又有所区分的关联在一起，并随着人们对世界认知的不断深化、技术的不断演进以及生存方式的变迁，而改变着自己的形态，每个时代都有着自己独特的图景。

从直观的意义上来说，空间是一种客观存在，也是人的存在方式，从内在的精神角度，空间与人的身体、意志和情感密切关联，空间哲学对此有多样的表达方式和思想内涵。传统的空间思想对于今天互联网空间的发生及认知具有重要的意义。中国和西方关于空间的哲学思考源远流长，虽然在一些观念上有所差异，但无不反映着人们对于自身与万物的建构与定位。

第一节　空间与空间哲学

从最直接的存在论意义上来看，空间被认知为与人的诞生一同发生。当人认识到自己的存在有别于他物，并且需要在存在的交互关系中确定自身的位置之际，人才有空间思考的需求。反过来说亦然，空间被认知是人作为一个具有实践性、创造性和交互性的物种的基础。这么说并非置其他要素（诸如时间、社会、自我意识等）于不顾，而是认为，从哲学的层面来看，空间似乎与之存在着某种天然的联系，这是因为，哲学和空间的契合点正是人们思考的起点，或者说哲学的思考必须以空间为基础，或将这种思维纳入空间的境遇之中，才有进一步展现的可能性与可行性。

以我们研究空间嬗变的视角而言，这里面有一个逻辑和现实相统一的过程：当人们面对复杂多变的自然环境，不得不首要处理自身的活动状态和目的性趋向，譬如狩猎、建造城市等，这显然可以视为一种空间的实践方式；当空间及其观念进入了人们的思维之中，生存和技术的需求也就以崭新的姿态进入生活之中，亦即对生存条件本身的解蔽，也就是构建了新型的空间模式。从而，其与自然的空间相区别，创造出了人们生存的特定的社会与文化环境。

由此可以说，在文化、技术和思想的方面，包括人们以之而开展的实践活动方面，都深深蕴含着对空间力图把握的内在诉求之中。

一　空间的发生及其概念

1. 三种空间观

空间是什么？这是一个没有定论的问题。不同的学科从不同的角度对之有不同的认知。在哲学思辨领域，也对此有不同的看法。总体来说，关于空间的哲学思考，主要有以下三个方面的认识：其一，空间是不同物体之间的位置排列，以及它们之间的相互关系；其二，空间表现了一种自然的场景和物体的性质；其三，空间本身作为一种实体而存在。这几点较为典型地体现在了西方空间观的发展历程中。古希腊就有这三种认知，西方近代空间哲学对此进行了深入探讨。吴国盛对此总结为：

　　在（西方）近代空间哲学史上，一直存在着实体论（substantivalism）、属性论（property view）和关系论（relationism）的争论。实际上，这三种空间观来自对以上三种空间经验的抽象；处所经验反映的是某种物物之间的相对关系，是空间关系论的经验来源；虚空经验反映的是某种独立于物之外的存在，是空间实体论的经验来源；广延经验反映的是物体自身的与物体不可分离的空间特性，是属性论的经验来源。任何一种空间概念都力图统一这三种空间经验，但这三种空间经验表面上看来并不相干，如果将它们统一起来是会有分歧的。①

这几种空间观正如吴国盛所言，实际上是人对于物——当然也包括人自身存在状态的经验的抽象。无论何种抽象的概念，都来源于实践经验，并通过思维的建构，成为行动的思维模式。如果我们分析上述三种空间观的层次关系，则可以看出空间在认知发展中的抽象等级，以及空间如何发生。

在关系论中，空间认知实际上反映了物体之间的关联性。这是最为直观的空间感知。例如，在狩猎时代，猎人们为了获取食物，对周围的生存环境要有一个准确的把握，树林的密度、山峦的蜿蜒、水流的方向等，都必须有整体性的图式印象，由实践而生成的经验通过意识的加工呈现在行动者的思维之中。此层次的空间观，是指生存所必须面对的诸种环境要素的网络结构。

这种关系论对于现代思想者而言仍然是不可或缺的空间存在背景，实际上，在人的日常生活中，空间主要作为一种人与事物和社会的关系而被认知的。海德格尔在《人，诗意地安居》中写道：

> 我为什么住在乡下？南黑森林一个开阔山谷的陡峭斜坡上，有一间滑雪小屋，海拔一千一百五十米。小屋仅六米宽，七米长。低矮的屋顶覆盖着三个房间：厨房兼起居室，卧室和书房。整个狭长的谷底和对面同样陡峭的山坡上，疏疏落落地点缀着农舍，再往上是草地和牧场，一直延伸到林子，那里古老的杉树茂密参天。在这一切之上，是夏日明净的天空。两只苍鹰在这片灿烂的晴空里盘旋，舒缓、自在。
>
> 这便是我"工作的世界"——由观察者（访客和夏季度假者）的眼光所见的情况。严格说来，我自己从来不"观察"这里的风景。我

---

① 吴国盛：《古希腊空间概念》，中国人民大学出版社，2010，第3页。

只是在季节变换之际，日夜地体验它每一刻的幻化。

……严冬的深夜里，暴风雪在小屋外肆虐，白雪覆盖了一切，还有什么时刻比此时此景更适合哲学思考呢？①

对于思想者来说，与实践者是一样的，需要有一个空间环境，这种环境是行动所得以展开的舞台，而环境中的种种物象，则是空间最为直观的感知，并通过经验而嵌入人的意识结构和思维模式之中，与此同时，也就将自身纳入了空间结构的一个节点或组成部分。

在属性论中，这种空间认知源于对物体在背景中的差异，以及由此而在视觉中展现的物体形状的不同。这是指一个物体在不同景深中的大小，与以个体为中心的距离、方位、位置等有关。这也是一种直观的空间视觉感知，但将之抽象为一种技术则经历了长期的发展。在远古的壁画、古埃及的壁画以及古希腊的陶器上，还遵循着平面律，只是到了文艺复兴以来，透视法才成为绘画的主要方法。这被视为还原真实空间的基本方法。达·芬奇说，写实绘画"以透视学为基础"，"透视学是绘画的缰辔和舵轮"。② 关于透视法，达·芬奇说道：

（透视法）不过是在一个非常透明的玻璃背后看一个地方或一个物体，在其表面将物体可以描绘下来。这些物体和视点的连线形成一个锥形，锥形连线与玻璃平面相交。③

因而，可以看出，属性论空间观是基于事物本身与观察者的距离差异而产生的视觉体验和印象。由此，属性论是在关系论的基础上更进一步对现实

---

① 〔德〕海德格尔：《人，诗意地安居》，郜元宝译，张汝伦校，上海远东出版社，2011，第83页。

② 冯雷：《理解空间：20世纪空间观念的激变》，中央编译出版社，2017，第3页。

③ 〔美〕约翰·基西克：《理解艺术——5000年艺术大历史》，水平、朱军译，海南出版社，2003，第198页。

世界的理解与把握。当人意识到自身与周围物的距离、方位等,便通过视觉而抽象出了物本身所具有大小的性质。根据现代心理学研究,这似乎是人天生的一种能力,即对空间深度的知觉,也即体现为物体之间的关系和表现出来的广延的属性。

在实体论中,空间被视为一种实体,即它因自身而不是别的原因而存在的一种东西,是自给自足的,而别的东西需要通过它而存在。但是,这种实体化的空间并不能通过我们的感官知觉直接感知和体验。亚里士多德和笛卡儿曾就此做过实验,如通过旋转水桶,桶里的水形成漩涡,表明空间作为实体的存在,但这也是通过物体的运动而间接探测到。但在一些抽象的认知领域,实体空间观具有重要的意义,如它表现为"虚空""上帝""绝对空间"等不同领域的概念之中。

总体来说,实体空间观是认知等级最高的,是对上述两种空间经验高度抽象的结果。因而,上述几种空间观从人生存活动到抽象思维的过程来看,有着不同层面的观念结构,并随着对世界认知的不断拓展而更加深入。

具体来说,首先是关于位置和方位观念的完备,如果要在大地上获得安居,并有效指导生存实践活动,方位是必不可少的。我国古代早就通过立竿测影的方法来确立四方。《周礼·冬官考工记·匠人》记载:

> 匠人建国,水地以县,置槷以县,视以景。为规,识日出之景与日入之景,昼参诸日中之景,夜考之极星,以正朝夕。[1]

关于"正朝夕"的解释,《淮南子·天文训》中有明确的表述:

> 正朝夕:先树一表东方,操一表却去前表十步,以参望,日始出北廉,日直入。又树一表于东方,因西方之表以参望,日方入北廉,则定

---

[1] 《周礼》,徐正英、常佩雨译注,中华书局,2014,第987~988页。

东方。两表之中，与西方之表，则东西之正也。①

方位的确立，则形成了关系论的空间观。

其次是关于事物的距离和大小，这是属性论空间观的主要内涵。因为不同物体在不同的方位，距离也参差不齐，事物在视觉中也呈现出不同的大小。除了我们前述在绘画技巧中的透视法运用，采用日影等距测法而获取物的距离和大小，从而在实践中获得物体自身的广延大小也是有着重要的意义，《淮南子·天文训》对此有云：

> 欲知天之高：树表高一丈。正南北相去千里，同日度其阴。北表一尺，南表尺九寸，是南千里阴短寸。南二万里则无景，是直日下也。阴二尺而得高一丈者，是南一而高五也。则置从此南至日下里数，因而五之，为十万里，则天高也。若使景与表等，则即高与远等也。②

从上述几种空间观可以看出，空间最初的发生是在空间经验的基础之上，这三种空间观并不是不可调和的，实质上都是对物体所处的方位、距离和关系的抽象与提炼。但人们对空间的认知并不仅如此，因为，空间本身是什么，则依旧是个问题。即便是空间实体论，也只是表明空间是一个独立的实存，对于其内涵，并没有更多的增益。空间仍然是世界向人呈现的物所展现的空间，有待人们进一步思索。

2. 几何学和力学空间

前述的几种空间观无不建立在对感性的物的经验基础之上，因而，由之而产生的空间观念更多的是表现了物的性质及其存在的关联。那么为了处理空间问题，我们可以想象，把空间中的物全部移走之后会怎样？如果是这样，哲学很难处理空间问题了，其原因在于对于物的不存在——可谓是

---

① 《吕氏春秋·淮南子》，杨坚校，岳麓书社，1998，第38页。
② 《吕氏春秋·淮南子》，杨坚校，岳麓书社，1998，第39页。

"虚空"或者"虚无",哲学难以对此进行描述,则也就无法告知其内涵,实体空间观这个概念即是这种状况下哲学空间的"逋逃薮"。

如果说,有一种对空间的认知,在很大程度上摆脱了物体的属性,而探究空间自身的性质的话,几何学空间则是一种较为纯粹的空间形式。这突出表现在欧几里得几何学之中,与之一脉相承的牛顿力学空间,也是摈弃了物体及人的经验对空间的影响,而将之作为"绝对空间"。那么,从几何空间来看,空间具有哪些自身的特性呢?昂利·彭加勒认为几何学空间有几个最基本的特征:

(1)它是连续的;

(2)它是无限的;

(3)它有三维的;

(4)它是均匀的,也就是说,它的所有点都相互等价;

(5)它是各向同性的,也就是说,通过同一点的所有直线相互等价。①

这种移除了物体,抛开了方向和位置的空间,只存在于纯粹的数学度量和几何图式之中。空间在此与物体、事物和人不发生任何关系。这种"绝对空间"或者说真实的"数学空间",与人们的感知难以相协调。从哲学对空间认知的进路来看,哲学需要调和这种具有实体性、普遍性的数学空间与人们的经验空间之间的矛盾。从某种程度上说,在几何学空间、传统的机械力学空间与人们的经验抽象的生存空间之间,有着一个巨大的鸿沟,哲学空间需要将之填补,不但要填充物体,也要将人纳入空间的某个位置之中。

在这一点上,牛顿也曾经说过,不要把绝对空间这个"真实"的数学空间与我们感官感知的空间相混淆。② 而且,他明确把自己关于自然哲学的

① 〔法〕昂利·彭加勒:《科学与假设》,李醒民译,商务印书馆,2008,第49页。

② 冯雷:《理解空间:20世纪空间观念的激变》,中央编译出版社,2017,第9页。

研究局限于数学的领域，对此他在《自然哲学的数学原理》一书的序言中开篇写道：

> 由于古代人（正如帕普斯所说）在自然事物的研究中极为重视力学；而现代人，抛开实体的形式和隐藏的性质，努力使自然现象从属于数学的定律，直到它关系到哲学时为止。①

如果从科学的发展历程来看，从亚里士多德到伽利略，再到牛顿、莱布尼茨等，都继承了欧几里得的三维平直空间。但是，对于哲学而言，如果这种空间只是存在于数学和理性的把握之中，也就与人没什么关系了。这虽然能说明空间的数学和几何意义上的本质，但在康德看来，它也使得科学面临危机。因为，在西方古希腊和基督教文化背景下，除了神圣的启示不需要后天的经验，所有的经验科学，甚至包括几何学都需要对人的知觉经验进行描述和处理，或者说，虽然通过理性获得的几何学空间具有普遍性，那么它是如何生成的呢？并且如何指导人们不同感官的空间经验？

从西方哲学史的角度看，康德"哥白尼式的革命"是为了调和英国经验论与欧洲大陆唯理论之间的矛盾，但从空间哲学视角而言，牛顿的"绝对空间"更像是唯理论的产物，而莱布尼茨的关系论空间则是经验的综合。如果不能将时空之一的"空间问题"做出与人有关的内在联结，那么西方关于文艺复兴以来的对"人的发现"以及经验科学的普遍有效性就面临着新的危机。

这个危机亚历山大·柯瓦雷曾经以古代宇宙论——亦可视为古代的空间观——的破灭表述过。古代空间观的建构，有着人的位置，并以此形成了一套生存的价值体系，譬如在托勒密宇宙体系中，地球位于宇宙的中心，但是处于黑暗之地，而天球层的完美正彰显了上帝的"荣耀"。

神圣体系的没落，人自身的价值的再发现，绝对空间观的提出，以及科

---

① 〔英〕牛顿：《自然哲学的数学原理·序言》，赵振江译，商务印书馆，2009。

学需要对经验加以理性的提炼，这种思想摒弃了传统空间所塑造的和谐、完美和等级的生存图式。物体的运动在空间中没有目的取向，人生存的地球和位置也与神没有区别，如果不能够对空间重新塑造，那么，人存在的价值和意义也就在无限的空间之中近乎虚无。

3. 康德对空间的心理学拯救

关于对空间本身性质的探索，要么走向了与物体相重叠的路子，要么走向了绝对或者虚无的几何化背景。问题的关键是，我们为什么会有这种空间体验，而它又恰恰不能像物那样被感官所直接感知和体验。但是，在这种物属性和物体之间的关系感性经验之中，却透露着空间与人的某种关联，似乎能发掘出空间发生的关乎到人自身的某种根源。

康德的空间观念思想，在其《纯粹理性批判》中有着明确的表述。他关于澄明空间的思路是从两种知识的来源出发的，即纯粹知识与经验性知识。康德首先强调，我们的一切知识都是以经验开始，在时间上，没有任何知识先行于经验。随之，他接着说道：

> 但是，尽管我们的一切知识都以经验开始，它们却并不因此就产生自经验。因为很可能即便我们的经验知识，也是由我们通过印象所接受的东西和我们自己的认识能力（通过仅仅由感性印象所诱发）从自己本身提供的东西的一个复合物；至于我们的这个附加，在长期的训练使我们注意到它并善于将它分离出来之前，我们还不会把它与那种基本材料区别开来。①

当读到这段话的时候，我们能够感受到伟大哲学家思想的深邃，以及发掘现象背后最本质东西的努力。出于对科学的谦卑与知识的渴求，康德认为，知识只有从感官得到某种经验开始，但是，如果仅是感官印象和经验的

---

① 〔德〕伊曼努尔·康德：《纯粹理性批判》，李秋零译，中国人民大学出版社，2009，第31页。

堆砌的话，又不能形成某种系统的知识，亦即具有普遍性的科学知识。因此，知识并不仅仅来源于感官的经验，因为我们作为主体或认识的个体，具有认知的能力，它同样是我们知识开始的必要条件，同时，也可能是知识的一个来源和组成部分。康德说道：

> 因此，至少有一个还需要进一步研究，不能乍一看就马上打发掉的问题：是否有一种这样独立于经验，甚至独立于一切感官印象的知识。人们称这样的知识为先天的，并把它们与那些具有后天的来源，即在经验中具有其来源的经验性的知识区别开来。……因此，我们在下面将不是把先天知识理解为不依赖于这个或者那个经验而发生的知识，而是理解为绝对不依赖于一切经验而发生的知识。①

如此一来，我们可以看出，先天知识与后天经验是没有任何关系的。那么如何得到先天知识呢？对于康德来说，肯定不能求助于天启，或者说是神圣的启示；也不能依靠柏拉图的回忆说之类的神秘主义。显然，先天的知识只有剔除了一切经验的成分才能被呈现出来。经验的东西，一般来说具有偶然的特性，从经验中得来的知识，也就不能达到必然性和普遍有效性的高度，我此时的经验也许不同于彼时，我健康时候的味觉也不同于生病时候的味觉。那么关于先天知识所具有的特点，康德对此说道：

> 当严格的普遍性在本质上属于一个判断的时候，这种普遍性就指示着该判断的一个特殊的知识来源，即一种先天的知识能力。因此必然性和严格的普遍性是一种先天知识的可靠标志，不可分割地相互从属。②

---

① 〔德〕伊曼努尔·康德：《纯粹理性批判》，李秋零译，中国人民大学出版社，2009，第31~32页。
② 〔德〕伊曼努尔·康德：《纯粹理性批判》，李秋零译，中国人民大学出版社，2009，第33页。

这个认识能力本身，以我们今天的观点来看，是指人在进化过程中所形成的特定的大脑这个物质结构的功能，及其在人的感知、思考和意识综合中所发挥的结构性功能。实际上，这个功能在我们实践、行动与认知之时，无时无刻不在发挥着作用，但我们自身很难意识到它，或者说，大脑的这种结构性功能是在无意识之中运作的。譬如，正常的人对颜色有天然的辨识能力，一朵红花、一枝绿叶等。颜色是主观的，对应着自然界光线不同的波长，大脑自动生成了不同的色彩。因而，颜色对应着现实的不同物的属性，但颜色的生成并不是我们思考的结果，而是人自身所具有的内在的先天能力，这个运作过程不需要我们有意识的行动。康德将人的认识能力又称为"经验所运行的规则"，当然这种规则也有先天和后天之分，能够产生先天知识的规则即是"先天原理"。由此，我们了解到了先天知识的基本特性，以及由它所产生的先天认识能力，经验运行的先天原理，我们可以推断出先天知识究竟是什么，最直接的也可以说是最有效方法是从经验中剥离属于后天的东西。康德对此接着论述道：

> 但这些先天原理中的一些的起源不仅表现在判断中，而且甚至在概念中就已经表现出来。即使你们从自己关于一个物体的经验概念中将经验性的一切。颜色、硬或者软、重量、甚至不可入性，都逐一去掉，但毕竟还剩下它（它现在已经完全消失了）所占据的空间，空间是你们去不掉的。①

至此，我们看到，通过从经验出发，同时又分析经验背后的一些基本的原理和规则，康德得到了某种先天的知识、规则和原理。在关于物体的经验背后，有着先天的东西，那就是空间。在此处，康德关于空间所述似乎与亚里士多德有一致之处，亚里士多德说："离开它，别的任何事物都不能存

---

① 〔德〕伊曼努尔·康德：《纯粹理性批判》，李秋零译，中国人民大学出版社，2009，第33页。

在，另一方面它却可以离开别的事物而存在：当其内容物灭亡时，空间并不灭亡。"① 如果说二者关于空间有相同之处，那是说，空间具有独立存在性。不过在关于空间是什么方面，康德就与之完全不同了。简言之，亚里士多德把空间视为一种存在的实体，而康德的空间概念则是，空间内在于人的认知能力和先天知识之中。

那么康德是如何给空间下定义的呢？或者说，康德的空间概念是什么？康德仍然是从经验出发，并将经验纳入某种非经验的先天原则之中，以此来引出空间的概念。

毋庸置疑的是，经验来源于感觉，这是由于对象对人的感官的刺激，并由此而呈现的表象。在经验发生之时，人的知识也就产生了。在与对象发生关系的过程中，我们通过对象刺激而获得表象的能力可以称为感性，也即人们所凭借的自身的主体能力、思维的方式等，亦可以称为直观。

但是，人们认识的对象是复杂的，经验是多样的，知识也是不断变化的。当一个直观与对象发生关系所产生的经验未被规定，则称为显象，经验即为显象的质料。那么，这种经验如何被整理成我们有条理的知识呢？康德说道：

> 在显象中，我把与感觉相应的东西称为显象的质料，而把使得显象的杂多能够在某些关系中得到整理的东西称为显象的形式。②

康德又称感性的这种纯形式自身也叫作纯直观。那么结合我们前述康德关于先天知识、先天规则和原理的分析，康德的空间概念也就呼之欲出了。康德认为，作为先天知识原则的外感官的感性直观纯形式，可以称为空间。与此相对应，作为先天知识原则的内感官的感性直观纯形式，可以称为时间。

---

① 〔古希腊〕亚里士多德：《物理学》，张竹明译，商务印书馆，2016，第93页。
② 〔德〕伊曼努尔·康德：《纯粹理性批判》，李秋零译，中国人民大学出版社，2009，第56页。

实际上，我们看到，空间是一个很难把握的东西，对其概念的研究也充满了争议。在经验中，我们实际感知到的是物体，而不是空间本身。康德另辟蹊径，从论证先天知识存在的角度出发，把空间放置到了人的内在心理结构之中，即人所具有的先天认识能力。关于从后天经验可以推断出先天知识，并由此而得出先天知识原则的空间，康德所举例子是欧几里得几何学，他说：

> 几何学是一门综合的却又先天地规定空间属性的科学。为使空间的这样一种知识是可能的，空间的表象究竟必须是什么呢？它必须源始就是直观；因为单从一个概念得不出任何超出概念的命题，但这种情况却在几何学中发生了。不过，这种直观必须先天地，即先于对一个对象的一切感知而在我们心中找到，从而是纯粹的直观，而不是经验性的直观。①

关于这一点，梅洛-庞蒂从现象学角度出发阐释的"身体—主体"知觉空间与身体空间，也继承了康德的这个思想，梅洛-庞蒂说：

> 空间不是物体得以排列的（实在或逻辑）环境，而是物体的位置得以成为可能的方式。也就是说，我们不应该把空间想象为充满所有物体的一个苍穹，或把空间抽象地设想为物体共有的一种特性，而是应该把空间构想为连接物体的普遍能力。②

那么，这个连接物体的普遍能力是什么呢？来源于哪里呢？这个普遍的能力可以比附为康德的直观，也就是对事物认知的能力和形式，如前所述，

① 〔德〕伊曼努尔·康德：《纯粹理性批判》，李秋零译，中国人民大学出版社，2009，第61页。
② 〔法〕莫里斯·梅洛-庞蒂：《知觉现象学》，姜志辉译，商务印书馆，2005，第310~331页。

除却"天启"和"回忆"，也只能从人的心中，以今天的术语来说，从人的大脑结构和意识模式中去寻找。因而，对于康德而言，也开辟了一个空间认知的新路径，即他认为空间是人作为一个类所具有的先天的认识能力，内在于人的生理结构之中，而空间经验则是由于这种人人具有、无法摆脱，同时又处于无意识状态下的能力所构造的物的关系世界。对此，康德明确地说道：

> 据此，我们唯有从一个人的立场出发才能够谈论空间，讨论有广延的存在物，等等。如果我们离开唯一使我们能够按照我们可能受对象所刺激的方式拥有外部直观的主观条件，那么，空间的表现就毫无意义。[①]

梅洛-庞蒂也说道：

> 我的身体在我看来不但不只是空间的一部分，而且如果我没有身体的话，在我看来也就没有空间。[②]

对此，我们可以如此表述：人作为经验的主体，同时其身体也是存在的客体，这个客体从主观上赋予了人认识世界的先天的能力，空间作为事物存在的方式和人对世界认知的反映，既是这种能力的展现，亦是这种能力的结果。

从以上几个方面我们看到，空间是一个极为复杂的存在。如果按照对空间的多学科解释，我们可以将空间分为以下三类。①经验主义的空间，是我们最为直接的感受，即对世界万物的各种形态、构造、关系等的感性认知。②理智主义的空间，即通过物体之间纷繁复杂的形态，抽象出了数量化和几何化的空间形态，也包括物理空间，典型代表为牛顿的机械力学和爱因斯坦

---

① 〔德〕伊曼努尔·康德：《纯粹理性批判》，李秋零译，中国人民大学出版社，2009，第62页。

② 〔法〕莫里斯·梅洛-庞蒂：《知觉现象学》，姜志辉译，商务印书馆，2005，第140页。

相对论关于物质、空间与时间的关系。例如，欧几里得几何空间、黎曼几何空间、绝对空间、时空弯曲、四维时空等。③心理学空间。既可以指人的内在意识感受，如白日梦、做梦、想象等，为人的大脑意识机能的一种能力；也可以指康德所说的先天知识原则的外感官的感性直观纯形式，是人们经验和认知外物的先天心理结构和功能。

此外，空间还可分为文化空间、权力空间、绘画空间、历史空间等，这更多的是在一种譬喻的意义上使用空间的内涵。

无论空间是人自身的一个主观性的"先天结构"，还是一种错觉，抑或是物体的关系，等等，人们都会孜孜以求其本质。正如康德所言，哲学知识也必须从经验开始，并从经验的基础上来不断更新我们对空间的认识。当我们从经验出发来探索空间的内外形态时，发现人们根据自身天生的认识能力和具有的先天直观，将眼光投向了世界结构更深层次和更遥远的方向，对空间的认知也继续加深。

二　空间的表象

我们在此论述空间的表象，是指人们对空间及事物的感性形式的探索。无论空间是什么，人终究还需要生存在一个被感官所支配的世界中，而这个世界又是由各种物质在空间中的布局而形成的。因而，对于人而言，空间的表象就是直接呈现在人的感官中的世界结构。对此，人们亦有一个深入认识的过程。

1. 天文地理

对天地的观测是人类摆脱蒙昧时代以来重大的实践活动。在世界各大民族的神话传说和宗教信仰中，都有着开天辟地的思维模式，也有着对天象和地理的观察，这亦可以说是人们对空间的认知，同时，对于空间的想象及其与物之间的关系的总结提炼，构建着人的基本的生存与活动秩序。

《易经·系辞上》曰：

天尊地卑，乾坤定矣。

在天成象，在地成形，变化见矣。

仰以观于天文，俯以察于地理，是故知幽明之故，原始反终，故知
生死之说。

韩康伯对此注曰：

象，况日月星辰；形，况山川草木也。①

天地的空间之构造与人本身有着密切的关系。在现代科学仪器被发明以
前的古代，人们依靠肉眼来观察世界。首先观察的是天上的星体和生存的地
理环境。因古人的活动范围有限和长期处于农业社会，对天象的观察是日积
月累且富有成效的。太阳作为最重要的天体，人们将太阳在一个地球年的时
间中在天空运行的轨迹称为"黄道"，其他的天体，如月亮、金星、水星、
木星、火星等行星对于历法具有重要性，也因为随太阳在恒星背景中运行而
位于黄道附近。西方古代的天文知识总结：根据黄道轨迹分成了十二个部
分，也就是太阳运行的十二个位置，即"黄道十二宫"。

中国古代根据月亮的运行周期，将全天分为二十八个部分，称为"二
十八宿"。二十八宿配上方位又分为东、西、南、北四个部分，每个部分分
别有七宿。如东方七宿有角、亢、氐、房、心、尾、箕。这四个方位又与颜
色、动物形象相配，组成一幅四象图，即东方苍龙、北方玄武、西方白虎、
南方朱雀。由此可见，天文与地理在此相统一。

司马迁在《史记·天官书》中，将全天星空分为五宫。中宫是北天极
附近的恒星集合，也被称为紫宫。其他四宫分别为东宫苍龙、南宫朱鸟、西
宫咸池、北宫玄武。这五宫的区分与命名，也映射着人间的政治建构，象征
着天空的统治中枢。司马迁写道：

---

① 王弼：《周易注》，楼宇烈校释，中华书局，2016，第 232 页。

斗为帝车，运于中央，临制四乡。分阴阳，建四时，均五行，移节度，定诸纪，皆系于斗。①

关于我国古代的地理空间，在《尚书·禹贡》中早已得以体现。《尚书·禹贡》将天下分为九州，"禹敷土，随山刊木，奠高山大川",② 大禹在治水的过程中，勘界划域，划定冀州、兖州、青州、徐州、扬州、荆州、豫州、梁州、雍州九个部分，之后也成为天下的别称。天下有中心，四方围绕中央，中州之外也有八方，由此形成了中国古代特有的地理空间观念，也反映了古代的政治制度，表现出了基于特定时空背景下的"天下观"的统一性。

西方关于天文地理的认知与我国古代不尽一致，比如西方关于星座的命名与宗教信仰有关，而中国的星官则是对应着世俗的政治体系。这大概是由于所处环境和位置的不同，并由之导致了文化方面的差异。但毋庸置疑的是，人类早期以及现代科学兴起以前的空间认知，是对感官观察的总结和提炼，并以此建构了文化和意义的空间，确立人在世界中的位置。这在东西方空间哲学中都有明显的表现。

2. 宇宙空间

古代关于空间观的建构是以人们对世界的观察为基础的，同时加入了人们的想象。这可以说是将康德所谓的先天直观与人们的精神文化创造力、价值取向相结合的结果。例如，亚里士多德通过观察物体和天体，如太阳的运动轨迹，认为只有圆形才是最为完美的运行方式。这显然是因为圆形有一个中心，从哲学上来说，这很方便为人所生活的地球安放居中的位置。也由于此，"上、下"——"上"指完美的神灵居所，"下"指人所居住的不完美的世界——就得到了确定。

这种以地球为中心的，其他天体在天球上围绕地球旋转的空间结构和价

_____

① 司马迁：《史记》，岳麓书社，2008，第207页。
② 《尚书》，王世舜、王翠叶译注，中华书局，2014，第55页。

值体系，对应着古人们的观测，也符合古代的信仰。虽然这种理论有时和观测并不完全符合，但古代对天体运行的轨道及空间方位并没有完全纳入数学的计算之中，因而也就在部分程度上可以自圆其说。如托勒密体系不能够解释一些行星的运动轨道，就提出了"均轮""本轮"的概念，也能弥补一些观测上的缺憾。

　　一旦加入了价值观念和宗教信仰，对于现实的观察就受到了阻碍，科学观念的变革也就充满了艰辛。哥白尼和布鲁诺对亚里士多德和托勒密宇宙图景进行了冲击，二者的思想相互结合与补充。一方面，哥白尼从实证的角度，也就是"拯救现象"出发，提出了"日心说"，如此一来，既符合新的观察数据，也符合数学上的计算结果；另一方面，布鲁诺更为大胆，从哲学上论证宇宙并不是一个封闭、圆形、完美的神圣空间，而是一个无限、不完美的图景。布鲁诺热情洋溢地说道："你必须冲破或凹或凸的表面，这表面限制了内外众多元素还有最后一重天……盲目的世俗，以第一动力和最后一重天作为保护自己的铜墙铁壁，而你必须在爆裂声中用永恒理性的旋风将之摧毁……"① 在很大程度上来说，二者的工作为新的宇宙空间图景展现在世人眼前起到了重要的推动作用。

　　西方近代以来，科学技术的兴起，尤其是望远镜的发明，超越了肉体感官，更确切地说是肉眼的限制，使得人们对空间的认知和观察拓展到了更遥远的星空。显而易见的事实是，空间在人们的认知中被无限放大了。

　　1609 年，伽利略制作了能够放大 40 倍的望远镜，对月球表面、木星及其卫星、金星运行轨道、太阳黑子等进行了观测，发现星球并不完美，同时也发现了更多恒星并不完全位于同一天球层，破除了亚里士多德和托勒密体系的完美性。这就对当时教会的宇宙论体系造成了严重的冲击。随着望远镜技术的飞速发展，人们观测到了更多的星体，更为广袤的宇宙空间。而地球，则不过是一个如尼采所言的卑微的星球而已。

---

① 〔意〕乔尔丹诺·布鲁诺：《论无限、宇宙与众世界》，时永松、丰万俊译，商务印书馆，2015，第 67 页。

现代的天文学理论经过哥白尼、伽利略、牛顿等天文学家和物理学家的努力，构建了新的空间。我们知道，如前所述，牛顿建立了一个绝对空间，这实际上是一个数学领域的几何化空间。对于天文学来说，空间是生动而活泼的，因为有近乎无限多的恒星、星云，以及近些年才发现的其他星系的行星，它们在其中按物理学定律和有序的轨道运行。那么，在其中，传统信仰和宇宙图景的价值观已经逐步消隐不见了。留下的，仅有数学和物理学的理智空间之美。

不过，在科学的理智和数学的计算领域，空间问题依旧悬而未决。牛顿力学的绝对空间已经被爱因斯坦的相对论时空所取代。如果说牛顿的机械力学空间还与人们关于空间的直观感受相符合，空间可以被视为一个舞台，是各种事物在其中运动的背景，而空间本身并不受事物的影响，同时通过数学的量化可以精确地计算运动的轨迹、预测未来的位置，那么，爱因斯坦的相对论空间则就与感官不相符了，除却数学计算和精密的科学实验，我们无从感知。

在爱因斯坦之前，有数学家和物理力学家就认为空间并不是绝对的，空间不仅仅是欧几里得式的平直时空，也有正曲率、负曲率，与此相应，三角形的内角和分别可以等于180°、大于180°、小于180°。如1870年威廉姆·克里福德首次提出，空间几何学不仅是弯曲的，而且具有可变性。

这种情况当然并不仅仅显现于物体可感知的形状，如一个球体上的三角形属于正曲率，而马鞍面上的三角形属于负曲率。在爱因斯坦看来，空间与物质不可分割，物质分布影响空间曲率。他的引力理论表明，地球围绕太阳转动实际上是太阳巨大的质量将空间弯曲，地球只不过是围绕着空间最短的路径运动而已。相对论所计算表明的物体随着运动速度的增加而产生的"尺缩效应""钟慢效应"等得到了实验验证。

通过广义相对论计算，人们发现有黑洞这类天体的存在，它对周围的时空极度扭曲，以至于连光线也无法逃脱它的引力范围。著名的物理学家哈勃通过观测发现，我们的宇宙在膨胀，当然并不是地球在膨胀，或者太阳系在膨胀，而是空间膨胀，据观测，我们现在的宇宙空间直径约900亿光年。以此反推，科学家们认为宇宙起源于大爆炸，也就是诞生于一个具有无限密度和温度，但无限小的奇点的爆发。在黑洞和大爆炸奇点，所有的物理定律都失效了。我们目前可观测的宇宙天体和空间都源自那次大爆炸。对于空间的研究，既有从大尺度的方向进行，也须从微观角度进行。如大宇宙来源于大爆炸，有一个小的开端。伟大的科学家们对宇宙尺度的研究，让人们体会到空间的浩瀚，对微观世界的研究却开创了一个新的空间。

3. 微观世界

当代英国物理学家 B. K. 里德雷说：

> 物理学讲的是宇宙间的简单事物。它把复杂的生命和活体留给生物学，也求之不得地将原子间数不清的相互作用方式留给化学去探索。[①]

物理学研究简单的事物，并非说物理学简单，是指它对复杂万物的最基本、最简单，一般来说也是最微小的构成成分最感兴趣，现在欧洲大型强子对撞机将粒子加速碰撞，以期获得组成物质的基本粒子。物理学之研究与空间最为密切，因为空间直接地就表现为物质微粒之间的排布方式，同时，也因其中一个方向与哲学也最为密切，即物质构成的基本成分是什么。中国哲学中的"五行说"——金、木、水、火、土构成万物，古希腊第一个哲学家泰勒斯说"万物的本源是水"，都表明人类对微观世界的探索。最接近于当代科学物质构成理论的哲学家德谟克利特认为，万物是由原子构成的，科学也证明，原子的世界是一个奇妙的世界，有着与宏观相呼应的空间形态。

原子包括原子核、电子，电子围绕着原子核运动，犹如宏观世界中的星系。原子核与电子之间从微观尺度来看，相距甚远。我们这个世界便是由原子所构成的。随着科技的发展，人们又发现了诸多更基本的粒子，如光子、中子、质子、夸克等。各种粒子通过一些基本作用力，如电磁力、弱相互作用力、强相互作用力组合成不同的原子和元素，构成世界万物。

---

① 〔英〕B. K. 里德雷：《时间、空间和万物》，李泳译，湖南科学技术出版社，2007，第 1 页。

　　研究微观世界的量子力学发现，微观的量子世界有着与宏观世界截然不同的特性。比如，在量子世界，一个粒子可以同时在不同的地方，也可以悄无声息地穿越层层阻碍，而现实中则需要穿墙术才能够做到。这听起来虽然匪夷所思，但是科学事实。当今社会有望统一四种基本作用力——强力、弱力、电磁力和引力——的弦理论认为，在普兰克尺度，空间有十个维度，甚至更高。

　　但无论如何，微观世界仍然是我们肉体感官不能够感知到的，通过某种物理学法则、生物化学法则等，量子化的粒子组成了我们可见的世界，并构成了我们的身体，也让我们有了思考和智慧。在发现微观世界及其运行规则之前，我们实际上都在宏观世界行动，我们的实践不断创造着新的空间形态，也不过是各种粒子组成的宏观物质的再组合，比如，我们建造了宏伟的宫殿、肃穆的明堂、温馨的卧室，修筑了宽阔的道路，生产了庞大的邮轮，等等。

　　当人们认识到微观世界的物理法则时，一个新的空间逐步被创造出来，这即是计算机空间，以及通过电磁波进行比特（bit）信息传输而形成的计算机之间的交互——互联网空间。当我们在使用计算机时，呈现在界面上的是各种图形、色彩、画面、文字等，与我们通过墨水书写、绘制的没什么两样，但这背后的运作机制却是在微观世界中运行。

　　互联网的要义在于连接，连接就意味着有距离和方位存在，空间依然是我们交互和生存的基本形态。但互联网空间确实彰显了人们的新的创造，是对世界、事物和空间本质的一次飞跃。虽然互联网的核心要义在于传输信息，但信息的载体以及网络空间的生成，并体现在每台计算机的界面之上，这些都根植于人们对微观世界空间的认知及运用。关于这些，伟大的物理学家们、计算机专家和工程师们已经做到了，他们为我们的生活带来了巨大的变革，也就是说为我们开辟了一个新的空间形态，即电子时代的空间，它是我们人类自由创造的表征，而不仅仅是对物质重新组合的结果。在互联网时代，我们当然不能说人类已经进入宇宙的最基本的空间认知，但是，互联网所塑造的内外两种空间——计算机信息空间与主体间交互空间，都反映着人类向着创造力本源的回归，并将开创更为宏大的空间生存形态。

《第四次工业革命》的作者扎克·林奇说：互联网是一切技术的基础，它帮助我们真正理解我们是谁，我们身在何方。[①] 这颇具有哲学的味道。因为对于哲学而言，这两个问题是至关重要的。如，古希德尔菲神庙上的铭文写道：认识你自己。中国哲学几千年来不断探索着生存的空间，构建着个体和民族认同的价值观。各个文明的哲学关于空间的探索和认知，也正是从这两个方面出发，也向这两个方面回归。

第二节　中国空间哲学

中国古代关于空间的认知和哲学思考，也是从对生存环境的观察、总结与认知开始，并通过哲学的抽象、思想的建构和文化的综合，形成了特有的空间观念和实践模式。在中国古代空间哲学的思想中，一个较为突出的特点是，空间和时间一同被纳入抽象的哲学思考之中，并与物的运动状态结合起来。这在古希腊的亚里士多德的空间思想中也有所体现。在此基础上，中国古代空间哲学将空间与现实的政治、居住地的建造、生存的模式等加以综合，形成了极富有特色的空间思想。

一　有关空间本身性质的思想

空间的本质，主要是从日常感知的经验抽象而来，即在对方位、位置和运动的基础上产生。这与宇宙生成论中的空间生成方式有所不同。中国古代哲学称空间和时间为宇宙，这在《尸子》一书中有着明确的表述：

上下四方曰宇，往古来今曰宙。

从中可以看出，我国古人在已有具体方位观念的基础上（方位的观念

---

① 阿里研究院：《互联网+未来空间无限》，人民出版社，2015，第2页。

起源较早，后文关于方位与居住、天体和社会制度等方面将会论及），提炼出了包含六个方向——上、下、左、右、前、后——的抽象概念，即是宇。

从人类学的角度看，这是人以自身为原点的一个位置判断，是以人和大地为中心的空间认知。这种空间观念因而与人的形体密切相关。从生理的角度看，人是一个对称的生物，左右的区分是自然的形式，前后的认知与人的视觉、听觉，乃至双臂双手能掌控的力学范围等密切联系。当人们在从事生存活动时，如果要想处于一种有利或优势的地位，对能够获取信息的多种器官（如前所述的双目、双手等）的行动方式加以正确判断是必要的前提。比如，"腹背受敌"是在前后方的比喻意义上的用法，也即是空间的实际应用中，以身体为空间方位的表达。因而，实际上，空间具有三维是从人本身与事物关系的感知中得出的显而易见的事实。

《庄子》关于时空的论述与《尸子》类似，即空间是一种方位的东西，但又有所不同，核心的区别在于庄子把空间的具体方位之特性糅合于人的精神的境遇，是对人的处境（方位、位置）的高度思辨与抽象，由此空间几乎是自然的同义词，也就使其具有了无限性的含义。《庄子·庚桑楚》说：

> 有实而无乎处，有长而无乎本剽，有所出而无窍者有实。有实而无乎处者，宇也；有长而无本剽者，宙也。

中国哲学侧重于人之存在的境界问题，儒家关注现实的人事，道家讲究超然的自然之域。《庚桑楚》篇主旨在于养生、养心，顺应自然而无为。这两种思路发展出对空间的不同哲学探赜。对于儒家而言，空间主要是一个人在土地和社会中生存的位置和方式问题。道家则超越这种具象性的空间观念，而将之放置到玄远的领域，认为空间是与个体的位置恰好相反的存在，它是一种与方位的有限性完全不同的无限的东西。

> 《庚桑楚》这几句话，"有实而无乎处，有长而无乎本剽"。成玄英疏：言从无出有，实有此身，推索因由，竟无所处。自古至今，甚为长

远，寻求今古，竟无本末。

"有所出而无窍者有实"。郭象注：言出者，自有实耳。其所出，无根窍以出之。成玄英疏：有所出而无窍穴者，以凡观之，谓其有实，其实不有也。

"有实而无乎处者，宇也"。郭象注：宇者有四方上下，而四方上下未有穷处。成玄英疏：宇者，四方上下也。方物之生，谓其有实。寻责宇中，竟无来处。宇既非矣，处岂有邪？

"有长而无本剽者，宙也"。郭象注：宙者，有古今之长，而古今之长无极。成玄英疏：宙者，往古来今也。时节赊长，谓之今古，推求代序，竟无本末。宙既无矣，本岂有邪？①

注疏中关于空间的思想，应与庄子的本意一致。其思辨路径，是从具体实体的处所出发，处所作为具体事物所占据的位置，有四方上下之分，由此推论至方位也不可及的某种状态，这即是无限性，可以说是"无"，即空间的本质状态。这种状态，道家将之名为"道、一"，"圣人贵一"。

四方上下又可以称为"六合"：

六合为巨，未离其内，秋毫为小，待之成体。《知北游》

郭象注曰：计六合在无极之中则陋矣。成玄英疏：六合，天地四方也……六合虽大，犹居至道之中。

由之，道家的空间观，把人视为其中的一部分，可以如是说，若缺乏对道和自然的顺应，则不能够臻于对空间的体悟。《庄子·知北游》说：

以无内待问穷，若是者，外不观乎宇宙，内不知乎太初。

成玄英疏曰：天地四方曰宇，往古来今曰宙。太初，道本也。若以

---

① 曹础基、黄兰发点校《庄子注疏》，中华书局，2016，第423页。

理外之心待空内之智者，可谓外不识乎六合宇宙，内不知乎己身妙本者也。①

　　这实际上是说，人的内在精神世界与外在的空间是相契合的。因而，对于空间的认识又返归于对人自身的感官，两者相互交叠，构成了世界的精神图景。至于世界的生成图景，这是宇宙生成论的范畴，而它并不是对空间自身的查究。空间是什么？对于中国哲学而言，这是一个过于缥缈的问题。空间须与具体的"事物"（包括人、精神和境界等）相结合才能成为一个有意义的思考对象。但是，关于空间和时间的本质探索中，无限性和有限性之矛盾对立统一，是空间思想的最大的特点和成就。

　　这一点与古希腊的空间观有所不同。在亚里士多德看来，空间本身的存在是毋庸置疑的，但空间是有限的。他考察了前人关于空间经验的看法，将空间分为两种：一种是共有的，即所有物体存在于其中的；另一种是特有的，即每个物体所直接占有的。② 这与牛顿的绝对空间有类似之处，他说："离开它，别的任何事物都不能存在，另一方面它却可以离开别的事物而存在：当其内容物灭亡时，空间并不灭亡。"③ 这就将空间作为一个独立的认识对象纳入到哲学视野。

　　但亚里士多德并没有抽象出近代物理学意义上的实体空间，他将空间与"事物"的存在结合起来，"存在的事物总是存在于某一处所（不存在的事物就没有处所）"，认为空间是指包容各个物体的直接空间，这意味着存在者总是与空间并存，但二者并不等同，且可以相互分离，空间构成事物得以存在的基础。

　　因而，在亚里士多德看来，虽然空间与具体的事物有直接的关联，但空间在此已经被视为一个具有自身独立存在的认知对象，而不仅仅是某种事物的属性。这既为亚里士多德的宇宙论和欧洲中世纪托勒密的体系服务，也为

---

① 曹础基、黄兰发点校《庄子注疏》，中华书局，2016，第404页。
② 〔古希腊〕亚里士多德：《物理学》，张竹明译，商务印书馆，2016，第95页。
③ 〔古希腊〕亚里士多德：《物理学》，张竹明译，商务印书馆，2016，第93页。

牛顿以降的绝对时空观开辟了思路。

由此反观,亚里士多德的空间概念与庄子有相近之处,表现在其以实体所占据的"处所"为基础,来抽绎出空间的本质。亚里士多德将"处所"界定为运动的事物所占据的特有位置,空间就是该事物的包围者之内界面。庄子并没有为空间下定义,而是以"六合"(即天、地及四方)为出发点发展出了一种朴素的方位无限性的观念,把这种无限性囊括到自然的包蕴之中,被称为道。

关于空间无限性的观点,在《列子·汤问篇》中也得到了体现。

> 殷汤曰:"然则上下八方有极尽乎?"革曰:"不知也。"汤固问。革曰:"无则无极,有则无尽,朕何以知之?然无极之外复无无极,无尽之中复无无尽。无极复无无极,无尽复无无尽。朕以是知其无极无尽也,而不知其有极有尽也。"……"故大小相含,无穷极也。含万物者,亦如含天地。含万物也固不穷,含天地也固无极。"①

显然,空间是无限性的观点是很明确的。这个无限与文艺复兴时期布鲁诺对宇宙的看法是一致的。因而,从哲学思辨的层面来看,空间是无限性的观点是较为容易得出的。这是基于我们前述的关于空间方位的生理学基础。在目力所能及的范围之内,人们可以认为事物是一个实体,也就是有着确定空间边界的东西,以此来确立不同事物之间的关系、方向和位置。但在人的感官范围之外,则是力所不能及的。经过哲学的抽象,这是经历有限——感官可以触及之物,而向无限延展的一个过程,无限性的观念就在实体与有限的基础上诞生。"故大小相含,无穷极也。"这是很深刻的一个思想,也表明中国古代哲学关于空间认知达到很高的水平。在有关空间的性质方面,此后的哲学家们,如唐代的柳宗元、明末清初的王夫之等,都是从有限和无限的角度对宇宙或者空间进行探究的。

---

① 王力波:《列子译注》,黑龙江人民出版社,2004,第107页。

中国古代的科学家在这种无限性的空间哲学观基础上，建立了有限性的宇宙模型。自然科学家所建构的宇宙模型和哲学的宇宙论不尽相同，后者是讲述宇宙和万物的生成，而宇宙模型侧重于静态的宇宙空间结构形态。宇宙模型可以归为自然哲学范畴，即是现代的物理学的前身，它需要建立在观察和实证的基础上，并不能完全依赖纯粹的思辨。张衡是东汉著名的天文学家，他的空间观是建立在感性经验和天象观察的基础之上，提出了"浑天说"。"浑天说"认为：

> 天地之体状如鸟卵，天包地外，犹壳之裹黄也。周旋无端，其形浑浑然，故曰浑天也。[①]

张衡《浑天仪注》曰：

> 浑天如鸡子。天体圆如弹丸，地如鸡中黄，孤居于内……天表里有水，天之包地，犹壳之裹黄。天地各乘气而立，载水而浮。[②]

浑天之说根据直观经验得出宇宙的模型就如一个鸡蛋，分别以蛋壳、蛋黄为天地，天体在蛋壳上运行。可观察的宇宙在这种模式下显然是有限的。张衡同时也认为在可观察的宇宙之外空间仍是无限的。《张河间集·灵宪》说：

> 八极之维，径二亿三万二千三百里，南北则短减千里，东西则广增千里。自地至天，半于八极，则地之深亦如之；通而度之，则是浑也。将覆其数，用重差钩股，悬天之景，薄地之仪，皆移千里而差一寸得之，过此而往者，未之或知也。未之或知者，宇宙之谓也。宇之表无极，宙之端无穷。

---

① （清）王仁俊辑《玉函山房辑佚书续编三种》，上海古籍出版社，1989 年影印版，第230 页。
② 陈美东：《张衡〈浑天仪注〉新探》，《社会科学战线》1984 年第 3 期，第 157 页。

对于中国古代哲学来说,虽然观察天象、空间经验和方位是有限的,但空间和时间无限性的思想是一个基本的脉络,这构成了我们民族精神的一部分。我们可感知的现实的存在是有限的,未知之外却是永无止境,做到有限性的极致,就能够触及无限的境遇。我们关注当下,但又向往外界的无垠。有限与无限、内敛与外向、矜持与开放,民族的性格与空间观的矛盾性有着内在的相关性。

二 古代的空间实践——定居、城市与政治

对于中国哲学家来说,他们没有在其空间观的基础上建立一个较为完整和系统的宇宙模式,而是建构了"天—人—地"相通的社会模式,它塑造了中国人的精神与性格。一方面,这种模式很好地保护了群体的生存与发展;另一方面,它也在一定程度上禁锢了思维与行为。这种空间模式的形成与古人的生存环境有关,中国古代以农业立国,空间及其模式的建构是为农业社会服务的基本生存法则。农业社会基础的要义在于群体性的定居,其次则是遵循所驯养动植物的自然规律,如春种、夏长、秋收、冬藏,即天地及运行于其中的各种天体和物象的空间形式,《荀子·天论》曰:"列星随旋,日月递照,四时代御,阴阳大化,风雨博施。"此外,则是由此二者交互而生成定居群体之间的人伦经纬和上下之制。

定居是作为空间生成的首要因素,并不是农业社会的首创,因定居而形成小村落——聚居点,在农业时代以前就产生了。刘易斯·芒福德所说:"须知,远在城市产生之前就已经有了小村落、圣祠和村镇;而在村庄之前则早已有了宿营地、贮物场、洞穴及石冢;而在所有这些形式产生之前则早已有了某些社会生活倾向——这显然是人类同其他动物所共有的倾向。"①定居,乃是人内在的本质力量,它需要通过某种途径将这种本质力量外在化,形成物质空间形态,并发挥满足人之需求的功能性作用。

---

① 〔美〕刘易斯·芒福德:《城市发展史——起源、演变和前景》,刘俊岭、倪文彦译,中国建筑工业出版社,2005,第3页。

对于中国古代而言，定居的确是经由沉淀并生成古代空间哲学的主要内禀性质素。这个承绪至今的内在气质，即以"家"为核心的空间结构。若做个简要的对比可以发现中国空间观与其他文化的区别：古希腊的宇宙空间模式是以自然或地球为建构材料，中世纪的宇宙空间模式则是神圣的上帝，逐水草而定居的游牧民族缺乏完整的宇宙体系。在原始时代，整体性的空间认知并未建立，只是初步确立了不同自然物与人之间的某种神秘的关联。

如斯特劳斯在他的《猞猁的故事》一书中，几乎是关于印第安人部落的神话故事。《猞猁的故事》分为三个部分，第一部分是"雾"，第二部分是"明朗"，第三部分是"风"。故事都涉及人、动物与自然的关系，并且强调利用自然的力量来达到某种目的，并通过动物的外形象征某种特点对应人的特质，以此来推动故事情节的发展，并在故事中获得一种有意义的结局。

定居作为空间模式建构的核心，《墨子·经上》中也有类似表述：

> 宇，弥异所也。

《墨子·经说上》对此释义道：

> 宇：东西家南北。

方立天对此释义道："宇"，寓，空间。"所"，方所、处所、方位，即具体空间。"家"，住宅。"弥异所"，"东西家南北"，是以生活作息的"家"为中心，区分东南西北，即包括东、南、西、北四面八方的一切方位和场所，也就是说遍就家宅的东、南、西、北一切异所都是"宇"。后期墨家以此说明空间的普遍性和无限性。[①]

《尔雅·释宫第五》曰：

---

① 方立天：《中国古代哲学》（第 5 卷），中国人民大学出版社，2006，第 121~122 页。

牖户之间谓之扆，其内谓之家。东西墙谓之序。

《十三经注疏》释曰：

> 牖者，户西窗也。此牖东户西为牖户之间，其处名扆。云"其内"者，其扆内也。自此扆内即谓之家。《说文》云："家，居也。"《礼记》云："已受命，君言不宿于家。"郭云："今人称家，义出于此。"

> "东西墙谓之序。"……"此谓室前堂上、东厢西厢之墙也。所以次序分别内外亲疏，故谓之序也。"《尚书·顾命》云"西序东乡，敷重底席""东序西乡，敷重丰席"及《礼经》每云"东序西序"者，皆谓此也。①

上文中《尔雅》的注疏，清晰地表明"家"作为一个场所的社会属性，也就是墨子所言的一个寓所，是人们日常生活栖居的一处空间。所谓"扆"，是指屏风，郑玄将之视为天子所设立的屏风。家因之而具有私密的特性，是被营造的一个有别于自然处所的围所。《尔雅》的描述，实际上也给我们展现了古代房屋的空间布局，房屋有窗户、厅堂内设屏风作为隔断，屋内分有几个厢房，分别为不同的家庭成员居住。

但实际上，透过字面表象的描述，《尔雅》认为，家不仅仅是一个被围造的寓所，也同时建构了一种蕴含于此空间中的关系。这种关系并不是纯粹的空间关系论，而是人与人之间的家庭伦理关系。这是不言而喻的。因而，房屋的布局和构造只是一个物质形态的结构，生活于其中的人才是"家"的空间核心要义。物质空间形态背后有人的寄居才构成"家"的本质内涵，这便是"次序分别内外亲疏，故谓之序也"。

以"家"作为空间视阈所引致的思想结果是什么呢？我们前述空间观

---

① 李学勤主编《十三经注疏·尔雅注疏》，北京大学出版社，1999，第124~125页。

的发生有着生理的基础，进入农业社会定居时代以来，"家"的空间观是以自然和个体生理感官为中心，转向了以社会群体和交互的基本单元——家——为中心，也就是说，空间观发生了一个转向，从人与自然对天地的仰俯，拓延到了人与人对乾坤的德情。

《周易·系辞上》曰：

> 天尊地卑，乾坤定矣。……日月运行，一寒一暑。乾道成男，坤道成女。

《周易·系辞下》曰：

> 古者包牺氏之王天下也，仰则观象于天，俯则观法于地，观鸟兽之文，与地之宜；近取诸身，远取诸物，于是始作八卦，以通神明之德，以类万物之情。

从古至今的空间观，无论是哲学、宗教范畴还是科学等范畴，似乎都需要设定一个中心点，以对天地之象的观察为骨架，根据相应的意识形态或思想观念，以此向外推演空间的无限性或有限性。李约瑟对此曾说：

> 不论是在那些壮观的神庙和宫殿建筑中，还是在那些或如农宅一样分散或如城市一样聚集的民间建筑中，都存在着一种始终如一的秩序图式和有关方位、集解、风向和星象的象征意义。
>
> ……
>
> 如果单独的家庭住宅、庙宇或宫殿都曾被精心而细致地设计过，那么我们很自然地期望城镇规划也显示出相当高的组织程度。①

---

① 〔英〕李约瑟：《中华科学文明史》，上海交通大学科学史系译，上海人民出版社，2003，第 45、55 页。

我国古代空间哲学也不例外，是以"家"为中心，或者说以定居点为中心建立的空间观。虽然其仍然是以自然和万物所呈现的特性为其底色，但已经与人际交互的行为模式和所处的位置有了相应的映射，并成为后者得以成立的不变法则，也就是说空间观的内涵侧重于社会人伦了。譬如乾坤与阴阳，象征君臣与男女，空间的内外之分昭示着夫妻关系等。就家庭而言则形成了男尊女卑、夫义妇顺、严父慈母、兄友弟悌等观念，这就是仁、义、礼、乐的空间关系质料。

"礼"既是一种文化符号，也是一种社会制度，形成具有约束力的社会行为规范。但就空间的本义来说，"礼"可被视为一种内化于心中的位置，且能够形之于外的行为仪式，其作用是凸显某种差异，以此进行沟通，并形成某种关系，表达某种意义。它实际上是人们生存的空间模式及交互关系通过人的思想和行为的符号化。

《十三经注疏·礼记正义》曰：

乐者为同，礼者为异。①

"异"此处意为别贵贱。从整个社会的人际关系看，"礼"的产生是为了规定人、事物之间的差别和秩序。由之，"礼"与空间的差异化特性相符合，更确切地说，"礼"的这种功用是从对空间性质的认知中得以构成的。关于意义，对人而言，它是指生存的价值和目的之所在，与个体在家庭和社会中所扮演的角色和占据的地位相关。这亦是空间与"礼"对生存于其中的人的思想和行为所要求的一种存在状态。如果符合"礼"的规范，则呈现了意义之所在，否则就是无意义的，等于空间中的虚无，在社会中就等于被边缘化，或处于"失范"状态。

意义的产生是差异化的，而不能是均质的。人类几乎所有文明的宗教与神话都有关于从混沌中开天辟地的深刻观念。这表明空间必须从均质转

---

① 李学勤主编《十三经注疏·礼记正义》，北京大学出版社，1999，第1085页。

化为差异，人的生存也是由于天地、阴阳或者其他基质的交互。从而，对立和差异则是意义产生的基本条件。空间的一些特性，如两个事物不能同时占据同一位置。万物的排列等，都不是均等的，这种空间的显而易见的质素，为"礼"的差异性提供了支撑作用。人类学对意义的解释也是通过分类和给事物指派不同位置而实现的，位置和秩序则通过空间符号才能加以表征。道格拉斯研究禁忌认为，脏和净是有位置差异的，饭菜在厨房则为洁净，若在厕所就是脏的。另外，赫兹的"左手与右手"象征分析是基于人的身体，人的身体图式与空间有直接关系，"符号边界对于所有文化就是关键性的"。

"礼"是空间差异化在社会观念和行为规范中的符号化表达，它是意义产生的根由。"礼"弥散于社会生活的方方面面，如婚丧嫁娶之礼、弱冠及笄之礼、登基封禅之礼等。每一个"礼"作为仪式的实行，以及符号的显现，都把人从一个位置（空间）带入了另一个位置（空间）。"礼"在规范个体和群体的同时，也形塑着人们生存于其中的空间，这对于"家"的空间而言如此，对于人们生存于其中、权力和财富高度集中、交互日益复杂的城市来说亦然。

因而，定居而形成的"家"的空间形态及其人伦关系，构成了我国古代占主流地位的儒家意识形态的重要内容。家庭作为社会的组成细胞，也是农业社群繁衍、劳作和财产分配继承的基本单位。这对于稳定的社会治理是很有必要的。但社会仅有一个家庭是不足以构成的，随着生产力的提高、技术的进步、社会分工的扩大和剩余财富的增加，有的家庭聚居形成的小村落，逐步发展为更大的聚落，随着权力的集中和统治的需求，具有防御性质，同时作为政治、经济和文化中心的城市日益形成起来。以"家"为中心的空间观的内在要义，即儒家的"礼"也渗透于城市的建造与活动之中。"礼"在城市空间中的表达，是更为抽象的东西了，尤其是对于古代帝国的首都来说，城市之"礼"是权力的无形集中和感性展现，是唯一的意志对整个群体的控制，是对自然与宇宙意义的拟合。如关于明清时期北京城的空间布局及政治意蕴，朱剑飞说道：

如果说全城平面的形式布局表现了理想的儒家意识形态，那么现实中的真实空间，从中心延展到全城再扩大到全国各省，构成了行使皇帝权力和统治的潜隐的领域。①

《十三经注疏·礼记正义》曰：

> 大人世及以为礼，城郭沟池以为固。②

这是由于"大道"没落的结果。天地万物从混沌中诞生，"礼"也是从"大同"的理想状态"堕落"而形成，建造坚固的城池作为封闭的空间来保护群体，人们在其中安于各自的位置、遵守各种规范，也就实现了"小康"。这是一般生活场景中的城市空间表象。对于都城这样极具政治象征色彩的城市，其空间布局和秩序的情况则就复杂得多。都城的空间结构与传统的政治统治密切相关，如果说"家"的构造暗示了个体生活，包括繁衍、财富等方面的私密性，那么城市的空间构造则彰显了统治者的勃勃雄心，从最初因生产生活自然的集聚，发展为城市之建造，是为了对土地和天下的掌控，城市的空间结构也必须符合天象和地理，即世界运行的基本法则。

在《周礼·匠人》中，关于城市建造规则的空间结构与自然空间、社会秩序和意识形态的关系有着清晰的表述：

> 匠人营国，方九里，旁三门，国中九经九纬，经涂九规，左祖右社，面朝后市，市朝一夫。③

就直观而言，这段话是对都城建设结构和布局的几何化的描述。但如果

---

① 朱剑飞：《中国空间策略：帝都北京》，诸葛净译，生活·读书·新知三联书店，2017，第79页。
② 李学勤主编《十三经注疏·礼记正义》，北京大学出版社，1999，第660页。
③ 徐正英、常佩雨译注《周礼》，中华书局，第990页。

将关于"礼"的思想纳入都城空间布局的考虑之中，这段话实际上包含了社会空间中的各种关系。朱剑飞对此说道：

> ……必须采取新的途径，将这段文字视为：
> 1 一种有关城市配置与格局的抽象的、表示相互关系的（relational）构架格局，而非精确的、有着严格尺寸、数字规定与定位的几何图形。
> 2 一种在特定意识形态与历史背景下的意向。[①]

关于都城的这种建造格局和结构，显然是要凸显统治者或者说皇帝作为中心和绝对权力的象征。"左祖右社"，宗庙和社稷坛的建造，亦表明了统治者作为天人中间的枢纽地位，以及承担维系天地和谐的重任。在皇帝统治下的广袤天地之间，以都城为中心分辨四方万民，以皇帝为核心设置百官职分。《周礼·天官冢宰第一》曰：

> 惟王建国，辨方正位，体国经野，设官分职，以为民极。[②]

帝王的统治必须符合天地万物、阴阳四时等的运行规则，都城的空间布局也就是自然万物所运化的摹本。《周礼·大司徒》曰：

> 天地之所合也，四时之所交也，风雨之所会也，阴阳之所和也，然则百物阜安，乃建王国焉。

朱剑飞对此也说道：

[①] 朱剑飞：《中国空间策略：帝都北京》，诸葛净译，生活·读书·新知三联书店，2017，第65页。
[②] 徐正英、常佩雨译注《周礼》，中华书局，第2页。

帝国的都城不仅是社会政治中心，而且是天人之间中介与统一的枢纽，维持着整个宇宙的和谐。因此，《周礼》提供的不仅是都城应该是什么样子的描述，还是通过中心、都城、帝国、宇宙的空间图示来表达关于王权的意识形态。更进一步说，隐藏在这些思想背后的是汉王朝所提倡的作为皇帝意识形态的儒家理论。……王同样以天之道与原则作为自己的范本。王统治人类正像天协调宇宙。王的皇帝制度与宇宙类似，他在地上的中心性是天在宇宙间中心性的镜像。①

都城的构造呈现出中心和对称的特征，将天地的宇宙模式作为其构造的蓝本，并与意识形态的权力集中统一起来。那么，都城是如何将城市的构造格局与天地之象相连的呢？《周礼·匠人》：

> 匠人建国，水地以县，置槷以县，视以景。为规，识日出之景与日入之景，昼参诸日中之景，夜考之极星，以正朝夕。②

建立都城是一个天文地理都要精通的技术工程，宫殿的营造、中轴线的确定等，须参考日月来确立方向、布置格局。白天参考太阳的轨迹，晚上则可以参考北极星的方位。虽然以此确定方位和测量地平属于技术的领域，但其背后却有着浓郁的政治意识形态。如北极星在儒家意识形态中具有显著的权力中心的象征。《史记·天官书第五》将全天星官分为"五宫"，北极属于中宫，是天的中心。《史记·天官书第五》说：

> 中宫天极星，其一明者，太一常居也。③

---

① 朱剑飞：《中国空间策略：帝都北京》，诸葛净译，生活·读书·新知三联书店，2017，第67~68页。

② 徐正英、常佩雨译注《周礼》，中华书局，第987~988页。

③ 司马迁：《史记》，岳麓书社，2004，第207页。

"太一"即为天帝，也映射人间帝王。《论语·为政第二》曰："为政以德，譬如北辰，居其所而众星共之"，人间的皇帝统治四方万民，就如天上的北极星那样居于中心而显出至尊之地位。《史记·天官书第五》对此说道：

> 斗为帝车，运于中央，临制四乡。分阴阳，建四时，均五行，移节度，定诸纪，皆系于斗。①

由此可见，天作为中国古代人的宇宙空间之象，既是人们生产生活的时空交互维度——天象与历法，也是国家治理和政治制度的秩序化、规范化的超验根据。从皇帝的统治范围来看，显然已经形成了以都城为中心，向四方延伸而有边缘的地理疆域空间观。从政治控制和社会治理的角度看，这意味着对周围空间的绝对掌控，也表达着一种与宇宙相符的理想和谐状态。

三 从宇宙到社会的空间建构——数字、伦理与行为

古人关于空间的认识，经历了一个从具体到抽象、从外在到内在、从自然到社会的过程。比如，住宅或城市作为物质形态的建造，是对空间的感性认识，以此来改变具体的物质结构进行空间建构。在此基础上经过点、线、面，以及对称性等绘制，形成关于城市的空间布局平面图，这就是关于抽象空间形成的过程。在此基础上所形成的哲学空间观，侧重于关系论，是对空间中存在的诸事物不同位置、排列和结构的一种抽象。

这种抽象的结果及运用，一般而言，无外乎两个方向：其一是将之置于大尺度空间构成之中，即是宇宙的空间模式；其二是将之网格化笼罩于社会行为之中。同时，这几个方面作为一个整体的系统，构成了人们生存于其中的已知和未知世界的全部。以中国哲学的模式论之，体现了天—地—人的相互关系。人在这个关系中处于核心的地位，是连接整个世界的枢纽和中心，也就是给予了人在世界中的一个位置。

---

① 司马迁：《史记》，岳麓书社，2004，第207页。

如果从感性物质的角度看，空间与人的关系是自然的或者是天然相连的。比如，人们生活在砖木所建造的房屋中，漫步在巨石砌成的城市中。但宇宙的生成、万物的来源，以及人们交互和行动所赖以形塑的背后的根据，虽然无形但也实实在在地呈现在人们的眼前与认知中。这种无形的空间法则及其实在的效用构建的原因、发挥作用的中介、隐藏的机制也需通过感性—抽象的连接得以显现。

这种空间法则的显现，是以"数"为连接中介，从哲学的角度赋予"数字"深刻的内涵，以此来经纬宇宙与人伦。这其中的原因，是因为数包含了这两个方面的属性：它既是感性的，因为事物（包括人）是以个体形式存在并可以计数；它也是抽象的，数字是可以排除具体事物的在场而加以提炼与抽象，并能够进行运算，即掌握事物的运动与结果。在人所生存的物质世界和社会领域，数字经过抽象，通过人的思维和行动而发挥着具体的空间功能，直接而言，即是事物存在和运行的某种秩序、规则和结构。

美国数学家丹齐克认为，"数"是一种人和动物都具有的天生能力，是对外物的量的感知。这即是某种"原始数觉"，人的计数能力就是由这种"原始数觉"发展起来的。[①] 恩格斯曾指出"为了计数，不但要有可以计数的对象，而且要有一种在考察对象时撇开对象的其他一切特性而仅仅顾到数目的能力。"[②] 人们对世界的认识，是从自身和对象，以及二者的关系出发。从某种程度上可以说，"数"的出现、计数能力的提升、数与事物之关联等认识，是与抽象的思维一并发展的。通过"数"的量化和独立运算，人们才能彻底摆脱依赖感性物质的生存活动，而进入更为深邃的空间之场域。

在这方面，计算机所生成的空间是较为典型的数字化空间，虽然并不是我们使用了几千年的十进制，而是通过二进制的"是""否"即可以模拟或生成了一个奇妙的世界。通过计算机之间的连通而构造的互联网空间，则更为复杂，但从感性的角度来说，它独立于人们所生存的世界，有着自成一体的空间法则，

---

① 〔美〕丹齐克：《数——科学的语言》，苏仲湘译，商务印书馆，1985，第165页。
② 恩格斯：《反杜林论》，人民出版社，1971，第65页。

以此来与人的思想、身体和社会进行着交互。比如，计算机作为虚拟空间和互联网空间生成的物质基础，却占据极小的物理空间，通过二进制运算和电子的运动，构成与物理空间在视觉和思维层面等价的新型空间形态。这种空间的各种质素和形态——图画、色彩、光泽、形状等经由界面而与人及物理世界发生关联。也就是说，计算机空间是一个微观的空间世界生成，通过界面与人发生关系。诸多计算机通过网络相连接，构成了互联网空间。

每台计算机或者说每个使用联网计算机的人，都被纳入这个空间域之中。人作为计算机的使用者，被编码为一个数字地址，无数台这样的数字地址确立了人所在的互联网空间位置，通过互联网交互的网络而形成了与传统截然不同的空间结构。在其中，人的思想、行为和位置成为一个虚拟的数字，或者说等价于一个数字地址，经由这些地址的有线或无线连接和数字通信，人们传达信息、表达观点、展现自我。实际上，也可以说，我们生活在一个数字组成的世界中。

由此可见，在我国古代，数字空间的建构与人的生存领域的结合是极富有创造力的。在这一点上，中国古代哲学的空间观更具有现今数字时代的气息。

古代哲学关于空间的思考，也必然与物的存在相联系，这在西方哲学中亦然。如亚里士多德也认为空间与处所密切相关，而处所是物体存在的原因。关于空间哲学，直接从宇宙秩序和万物存在的角度来说，是将空间作为感性事物之间相互关联的关系模式放置到更为宏观的空间范畴，亦是对整个宇宙空间的思考。从对具体有形的事物的感性认识，到万物之间的联系，再到包容万物的宇宙空间的生成，哲学的这种思考路径，源于人们对自身和周围事物来源的追问。从宇宙层面来探讨世界的起源和空间的发生，表现为哲学中的宇宙论。中国古代哲学中的宇宙生成论，一般与数字有着直接的关联。《道德经·第四十二章》说：

道生一，一生二，二生三，三生万物。

《吕氏春秋》云：

太一生两仪，两仪生阴阳。

《礼记·礼运》曰：

礼必本于太一，分而为天地，转而为阴阳。

《周易·系辞上》曰：

一阴一阳之谓道，继之者善，成之者性也。……易有太极，是生两仪，两仪生四象，四象生八卦，八卦定吉凶，吉凶生大业……

"数"的生成和抽象，表明了人们思维能力的高度发展。古人有结绳记事的记载，这是从空间次序的方面记录下事物存在的轨迹和发生的历程。因而，数字本身包含有空间和时间。宇宙生成论即是如此，生成需要有一个过程，但同时需要有次序和秩序，时空在数字之中得以完全整合。古希腊哲学的毕达哥拉斯学派也提出了"数是万物的本源"的思想。毕达哥拉斯学派认为：

万物的本原是一。从一产生二，二是从属于一的不定的原料，一则是原因。从完满的一与不定的二中产生出各种数目；从数产生点；从点产生出线；从线产生出面；从面产生出体；从体产生出感觉所及的一切形体，产生出四种元素：水、火、土、气。这四种元素以及各种不同的方式相互转化，于是创造出有生命的人、精神的、球形的世界，以地为中心，地也是球形的，在地面上住着人。还有"对地"，在我们这里是下面的，在"对地"就是上面。[①]

———————

① 北京大学哲学系、外国哲学史教研室编译《西方哲学原著选读》，商务印书馆，2003，第20页。

这段话包含丰富的信息，同时也可以被视为西方哲学关于空间认知方向的挈矩——主要是在科学的空间认知方面，古希腊也被认为是西方科学思维的源头——西方几千年的空间哲思都未能超越这一阈限。大致的思路是，数从具体事物中被抽象出来之后，就被用来模拟事物与宇宙的生成，并由此形成世界存在的空间模式。关于宇宙的生成，一个令人惊奇又困惑的问题是，古代哲学已经充分认识到事物的生成和发展是从简单到复杂的过程。具体而言，这是关于"数"的"一与多"的关系。在纷繁复杂和包罗万象的现实世界，找出秩序并不容易，数字"一"成为可以厘清事物存在的根据。这与人们关于数的认识不无关系，从自我和个体的事物，"一"的观念是较为容易发生的，但随着数量的增长，计数也随之增加，甚至要求有无限大的情况发生——被笼统地称为"多"。

关于"多"的问题，是哲学对具体数量的高度概括，因为哲学的思辨不可能处理纯粹数学中浩瀚的数据和数量关系，与此同时，哲学思辨也必须结合有形的事物。从而，在哲学关于宇宙和世界万物的探究中，从具有次序性的数量和时间关系，逐步转向了表现秩序性和结构性的空间关系。在中国哲学中，从"数"到万物，实际上是从"一"到"多"这个人们在长时期生存实践活动中，对事物认识过程的哲学重现。换言之，哲学并不需要处理具体的"数"本身，这是数学这门学科的任务。哲学需要处理的是，如何通过数将这个世界化繁为简，并把世界的本质和存在的秘密发掘出来。

与西方哲学有不同之处，中国哲学的宇宙生成之论，有一个极富有创见和洞察的思想，即关于"道"、"无极"或"太极"的东西，它先于"数"而存在，并且是"数"生成的根由。"道"在中国哲学中比较复杂，它承载着多重的意义：从天人合一的境界而言，它是中国人的内在信仰和精神境界；从本体论的角度来说，它是宇宙万物和社会人生存在的根据；从空间哲学的视阈看，它是隐匿于世界之中但又限定其运行的"圭度"。就宇宙生成论的范畴而论，"道"是万物生成的开端和质料。《道德经·第二十五章》说道：

有物混成，先天地生，寂兮寥兮，独立不改，周行而不殆，可以为
天下母。吾不知其名，字之曰道，强为之名曰大。

从直观的意义上来理解这段话，与当今物理学中的宇宙"大爆炸"理
论的表述有相似之处。也就是说，我们今天所看到的世界万物，都是有秩序
的，在空间中显示出错落有致、各得其所、井井有条的样式。但在宇宙产生
之前，世界的物质是没有任何形式和质料方面的差异，整个世界就是混沌、
同质、平衡和均等的态势，这个时候组成物质的所有原料没有任何空间方面
的差异，都是处在初始的、同一的平均状态。这个状态有什么意义呢？实际
上它表明宇宙生成之前（初始）的状态，对于世界来说，空间也并不存在，
万物也并不是当下所表现出的样子，这种状态从"数"的角度来看，被称
为"零"，或用现在的阿拉伯符号表示为"0"。这种情况，中国古代哲学随
着进一步发展，将之称为"无"，"无"是宇宙生成的本原，也是万物存在
的根据。魏晋时期的玄学家王弼注《道德经·第四十二章》"道生一、一生
二、二生三、三生万物"曰：

万物万形，其归一也。何由致一？由于无也。由无乃一，一可谓
无？已谓之一，岂得无言乎？有言有一，非二如何？有一有二，遂生
乎三。①

玄学主张"以无为本"，实质上是提出了宇宙本体论，与老子的宇宙生
成论有所不同，但王弼并没有否定老子的生成论，通过将之抽象为有与无的
关系，明确表明无是万物之本，而不仅是生成性的本原。这个无也可以说是
"一"，居于本体支配的地位。王弼在其《老子指略》一书中说道：

老子之书，其几乎可一言而蔽之。噫！崇本息末而已矣。观其所

① 王弼注，楼宇烈校释《老子道德经注》，中华书局，2016，第 120 页。

由，寻其所归，言不远宗，事不失主。文虽五千，贯之者一；义虽广瞻，众者同类。解其一言以蔽之，则无幽而不识；每事各为意，则虽辩而愈惑。①

阿西莫夫说："从第一个数字符号开始计数到想出一个表示'无'的符号，竟占用了人类大约五千年的时间。"② 从"道"的提出到"无"的概念，也经历了一个长时期的发展过程，此处的"无"并非作为空间属性的"无限"，因为"无限"已经蕴含着空间的存在及其本身的范围，但"无"是一种更为深刻的抽象，它本质上是对空间符号化认知的一种表达，以此来找到世界万物存在的深层根据。从数字"零"的角度看"无"，就将空间真正纳入世界存在之前、世界产生之时、世界存在之后整个链条的环节之中。老子也曾说"有无相生"。在笛卡儿的集合坐标系中，"0"处在横竖垂直数轴的重合点，由此确定了正负数的方向；在温度计的刻度上，"0"是温度变化的分界点，也是水这种物质固态和液态两种形态转变的临界点。

在宇宙生成论中，"道""无极""无""太极"概念的提出，是为世界的存在找到一个模式，并以此来进行空间图式的建构。中国哲学在解决完宇宙何以如此之后，便转向了"数"与人、社会关系的构造，与西方哲学表现出了差异。也就是说，通过数字的构造，宇宙已经成为有形的规则所塑造的世界，万物生成，各有特性，人也必须在其中规范自己的行为与实践。如"太极"在某种程度上与"道""无""无极"等同，其可逐渐转化为人之存在所应体于道的一个空间范畴。该词也见于《庄子·大宗师》：

夫道，有情有信，无为无形；可传而不可受，可得而不可见；自本自根，未有天地，自古以固存；神鬼神帝，生天生地；在太极之先而不为高，在六极之下而不为深，先天地生而不为久，长于上古而不为老。

① 王弼注，楼宇烈校释《老子道德经注》，中华书局，2016，第205页。
② 〔美〕阿西莫夫：《数的趣谈》，洪丕柱、周昌忠译，上海科学技术出版社，1980，第15页。

此处"太极"与《周易》中的太极在宇宙生成链条中的地位是一样的，它上承道与无，下启阴阳，是从无到有的一个环节，同时也是人伦发轫的原点。由此阴阳激荡相生、万物伦次明晰，以定人伦尊卑之差，上下之制。《道德经》在论述宇宙生成之后，也涉及人事：

> 道生一、一生二、二生三、三生万物。万物负阴而抱阳，冲气以为和。人之所恶，唯孤寡不谷，而王公以为称。故物，或损之而益，或益之而损。

从数字的角度看，《周易》的大衍之数和揲著衍卦的过程及方法，具有浓郁的宇宙生成论色彩，同时，《周易》所演示的生生不息的宇宙图景，蕴含着丰富的时空维度、社会伦理和行为意义，包括创生天地、三才、四时、闰月、日月运行周期、八卦、六十四卦所象征的自然现象、社会人事的演进秩序等。从理想的空间结构模式和社会图景，《周易》通过"生生之谓易"的万物变化、生息和交互，力图建构一个和谐的状态——中和之道的思想和实践，并以此指导人们的具体行动。

《周易》阴阳两爻由—、--两个符号代表，可以被视为数字"一""二"，阳爻被称为九，阴爻被称为六。阴阳爻的符号二者上下排列组合，生成四象 ⚌老阳、⚎少阴、⚍少阳、⚏老阴，四象再生八卦，八卦两相叠加，生成六十四卦，每卦由六爻组成。这个世界——包括万物与人事的吉凶祸福，天象政治、行为道德等——都尽在易之推演变换之中。如《乾·象》爻辞"潜龙勿用，阳在下也""见龙在田，德施普也"，荀爽注曰：

> 气微位卑，虽有阳德，潜藏在下，故曰"勿用"也。见者，见居其位。"田"谓坤也。二当升坤五，故曰"见龙在田"，"大人"谓天子，见据尊位。临长群阴，德施于下，故曰"德施普也"。①

---

① 李道平撰，潘雨廷点校《周易集解纂疏》，中华书局，2016，第39页。

周易的核心思想在于致中和，其阴阳变动的要义也是为此建立空间秩序和人事伦序的稳定性，万物各得其所才能明天地、序万物。《系辞上》说："天一，地二；天三、地四；天五，地六；天七，地八；天九，地十。"① 乾为天，为奇数，坤为地，为偶数，乾坤交易彼此占据合适爻位才能正当。以乾卦九二爻与坤卦六五爻相互交易为例，二、五作为下卦和上卦的中爻，乾坤交易的核心在于此。如此，对于人们日常生活的行动和修身养性来说，这也有助于亨通。荀爽注《既济·象》"既济亨，小者亨也"曰："天地既交，阳升阴降，故'小者亨也'。"李道平疏曰："泰本天地交也，既济则阴阳又交，二阳升于五，五阴降于二，二阴得正，故称'小者'。交故通，通故亨也。"②

前述在空间观方面儒家与道家不同。关于儒家，实质上并没有严格意义上对空间的纯粹哲学思考，但通过宇宙生成之论，将空间之思想内蕴于社会礼仪和人的行为之中。儒家的空间观在很大程度上是"天地"之义，其中充满了人的行动、礼制和德性，力求做到"天人合一"，这实际上是一个人生的境界，也是社会的状态。如《周易》中有以下言辞：

> 天行健，君子以自强不息。（《乾卦》）
>
> 地势坤，君子以厚德载物。（《坤卦》）
>
> 明两作离，大人以继明照于四方。（《离卦》）
>
> 火在水上，未济。君子以慎辨物居方。（《未济》）

我们由之可以看到，至秦汉时期的知识体系已经形成一个数字化的网络空间，它是一个从终极关怀到知识技术可以涵盖一切的社会空间，充满了生存的意志和价值意义。自然、社会、人已经被包容在一个由"一"（道、太极、太一）、"二"（阴阳、两仪）、"三"（三才）、"四"（四象、四方、四

---

① 李道平撰，潘雨廷点校《周易集解纂疏》，中华书局，2016，第595页。

② 李道平撰，潘雨廷点校《周易集解纂疏》，中华书局，2016，第528页。

时）、"五"（五行）、"八"（八卦）、"十二"（十二月）乃至"二十四"（节气）等构成的数字化网络中。①

第三节　西方空间哲学

西方空间哲学与中国有所差异，也有相同之处。相同之处在于都对空间本身、空间的性质和秩序等进行了深入探究，在中世纪，基督教空间哲学与中国空间哲学类似，都将宇宙秩序整合并笼罩于社会生活之中，构建了富有神学色彩的社会空间形态。不同之处在于西方空间哲学呈现出不同的发展阶段，因不同时代的文化背景相异而表现出空间哲学探索中的歧解，中国空间哲学因文化的持续统一性总体上保持了天人合一的空间生存模式。

具体而言，从整体上看，中国空间哲学以上古时代天象观察总结为基础，经由秦汉时期的宇宙生成论、因农业生产而逐步建立的时空体系，以及政治大一统的现实需求等，形成了天上的空间运行秩序与地上的政治人事相糅合的生存模式，这种模式从秦汉时期基本确定，一直延续到清末。关于空间的探索，中国古代未能形成具有形而上学意义上的概念，同时也没有将空间作为独立的实证研究对象，从而得出科学的空间概念。对于中国人而言，空间，更多是一种生存的境界之追寻和现实的家国情怀。在传统哲学看来，自然、社会、人本就是同生一体的，自然空间除却具有象征性的差异和区分的社会功能，并不具有典型的独立价值和意义。

从整体上大致考察西方空间哲学，则是较为明显地呈现出不同的发展脉络。西方在某种程度上来说，缺乏中华文明的连续性，也没有较为集中的中央政权和广袤的疆域，它所处的地理环境也与华夏不尽一致。因而，二者空间观具有一定的差异性是自然的事情。

具体来说，西方空间哲学的发展，与不同时期的主导文化倾向有关系。在古希腊罗马时代，古代的多神论占据主导地位，但希腊逐渐产生科学理性

---

① 葛兆光：《中国思想史》，复旦大学出版社，2005，第212页。

的思维，这一时期关于空间的研究更多侧重于形而上学方面。中世纪西方空间哲学成为"神学的婢女"，空间的建构是为了论证基督教教义及上帝之城的正确性。近代以来科学的空间研究，诸如物理学、天文学、宇宙学等，肇始于哲学领域对基督教空间的突破。文艺复兴以来，伴随着人的主体性的确立和自我的发现，对空间的研究也转向了内在的领域，即从人的身体（包括生理和心理等）角度来探索空间的起源、生成与本质。

西方空间哲学发展经历了以下三个阶段：第一个阶段是古希腊罗马时期的形而上学空间观，并混合着当时的人们对已知的世界所形成的地理和天文观念；第二个阶段是中世纪时期的神学空间观，基督教神学家继承并借鉴了罗马时期著名天文学家克罗狄斯·托勒密的研究成果，构建了严密而有序的神学空间模式和统治体系；第三个阶段是文艺复兴以降，将实证纳入哲学思维范畴而形成了较为崭新的空间认知形式。

一 形而上学空间观

人们对空间的认知，显然是从周围的事物、感官所触及的东西出发的。在对具体有形的事物进行观察的基础上，可以提炼抽象出具有一般、共通和交流意义的行为和表意系统。这种表意系统或者说符号，应付日常生活需求是足够的。人们根据周围的生存环境，土地、河流、海洋、湖泊等构建了普通大众平凡而忙碌的生存轨迹与行为方式。这也是空间最初生成的样式。这样的情况，我们在古代文化中很容易看到。如《周易·系辞下》曰：

> 古者包牺氏之王天下也，仰则观象于天，俯则观法于地，观鸟兽之文与地之宜，近取诸身，远取诸物，于是始作八卦，以通神明之德，以类万物之情。

上述从人们的实践活动出发，通过思维抽象形成的，但又涉及具体事物的空间认知与秩序生成，我们可以称为"形而下"的空间观。诚然，人们并不是不食人间烟火的神仙，空间的问题首要的是一个生存的问题，是一个行为与活动位于何处的问题。只有知道了具体且又与其他事物相互关联的位置，人才能够判定自己在大地上"从何处来、到何处去"。这是形而上学空间观起源的基础和必要的空间经验。关于"形而上"与"形而下"，《周易·系辞上》说：

> 子曰："圣人立象以尽意，设卦以尽情伪，系辞焉以尽其言。变而通之以尽利，鼓之舞之以尽神。"乾坤，其《易》之缊邪？乾坤成列，而《易》立乎其中矣。乾坤毁，则无以见《易》。《易》不可见，则乾坤或几乎息矣。是故形而上者谓之道，形而下者谓之器。

可以直观地看出，所谓"形而上"，是指"道"，我们前面已经论述过。"道"的观念的产生，实质上是对"形而下"具体有形事物的一个思辨的抽象，将万物的来源及其生成无限的回溯，而臻于源始境域。这有两个方面的思路，一方面是宇宙生成论，另一方面是宇宙的本体论。而这两个方面，中国古代哲学也全部进行了深邃的思索。

如果把上文提到的"形而上"视为一种世界存在的本源或本原，或者视作事物之所以"是"的某种内在的根据，那么，涉及空间本身，即从本质上来说空间之所以存在以及如何存在的自身原因、要素及特性，中国古代哲学则并没有继续探赜。这种情况构成了古希腊空间观的形而上学特征，从而与中国古代哲学侧重于现实的空间表征有所区别。亚里士多德在论述了自然的"质料"和"形式"之后说：

> 我们应该进而研究原因，考察它的性质和数目。既然我们的目的是要得到认识，又，我们在明白了每一事物的"为什么"（也就是把握了它们的基本原因）之前是不会认为自己已经认识了一个事物的。[①]

---

① 〔古希腊〕亚里士多德：《物理学》，张竹明译，商务印书馆，2016，第49~50页。

　　由此，亚里士多德把事物存在的原因分为四个方面：一是质料方面的原因，它是事物产生并保持持续稳定的原料的东西；二是形式或原型的原因，"亦即表述出本质的定义"；三是变化或静止的最初的源泉，例如出主意的人是原因，父亲是孩子的原因；四是作为终结和目的的原因，例如健康是散步的原因，他为什么散步？我们说是"为了健康"。① 这几个方面的追问，把空间作为一个能够被感知到、似乎独立的东西，但又与其他存在物不能完全分离的性质进行了深入的研究和揭示。

　　在对空间进行把握时，是将其作为认识的对象。但与空间类似的认知是虚空，这需要有所区分。从人的感官出发，空间被感知是一个直观的现象。譬如，当集会结束，曲终人散，殿堂也就空了，没有存在任何可感事物的一个场所是"空"的，由此可以形成感性的空间知觉。经过形而上的抽象，空间或者说是场所呈现出了作为"这个被围合之地"的独特性质，即"虚空"。古希腊的"虚空概念"与中国哲学"无"有所类似。"虚空"的概念在某种程度上可以等同于空间，或许虚空概念早于空间观念，因为这与定居、容纳和防御有很大的关系，虚空也意味着"虚"和"实"的直接的区分，这与关于空间的更为抽象的观念不尽一致。但虚空在古希腊哲学中也有更为深广的形而上意义。亚里士多德评述毕达哥拉斯学派的虚空理论说：

　　　　毕达哥拉斯学派也主张有虚空存在，并且认为虚空是由无限的呼吸（作为吸入虚空）进入宇宙，它把自然物区分了开来，仿佛虚空是顺次相接的诸自然物之间的一种分离者和区分者；而这首先表现在数里，因为虚空把数的自然物区分了开来。②

　　亚里士多德并不认可虚空的存在，在这一点上，与中国传统哲学的"无"发生了分野。亚里士多德之所以否定虚空，在于我们对空间的经验，

---

① 〔古希腊〕亚里士多德：《物理学》，张竹明译，商务印书馆，2016，第50页。
② 〔古希腊〕亚里士多德：《物理学》，张竹明译，商务印书馆，2016，第109页。

通常是从具体有形的感性事物出发,而虚空则是完全无差别的一个另类的"空间"。在虚空中,事物的运动、物质质料和形式的差别也就难以区分了,亚里士多德的宇宙论是一个有限、封闭,且具有等级的体系,虚空不能满足其宇宙论的需求。因而,亚里士多德认为,空间就其存在来说,比什么都重要:

> 离开它,别的任何事物都不能存在,另一方面它却可以离开别的事物而存在:当其内容物灭亡时,空间并不灭亡。①

从这句话,我们似乎看到了近代物理学中"绝对空间"的概念,空间作为事物存在的背景,具有均匀、平直、不可分割、三维、可度量、各向同性等特性。但这似乎与虚空的概念雷同,亚里士多德并没有抽象出近代的"绝对空间"思想。这一方面是由于他仍然把空间视为一种"事物",且与感性的东西纠缠在一起;另一方面是由于古希腊当时的空间认识,与中国古代的空间观是一样的,即反映了一种工具化的概念,为世间和天上建立一个"中心"的观念和秩序。亚里士多德建立了一个以地球为中心、日月星辰围绕地球在同心球上转动的、静止不动的宇宙模型。在其中,万物由于禀性不同而处于不同的位置,整个世界也就各得其所。

关于空间本身的性质研究,亚里士多德把空间与事物存在的具体位置,即处所结合起来,认为"存在的事物总是存在于某一处所"(不存在的事物就没有处所),指出空间是包容各个物体的直接空间,这意味着存在者总是与空间并存,但二者并不等同,且可以相互分离,空间构成事物得以存在的基础。这种包围事物的直接空间,亚里士多德以容器为譬喻来描述,"如说事物在容器里,一般来说就是在空间里"。② 空间从而以"某事物在……里"这样的追问方式呈现出来。

---

① 〔古希腊〕亚里士多德:《物理学》,张竹明译,商务印书馆,2016,第93页。
② 〔古希腊〕亚里士多德:《物理学》,张竹明译,商务印书馆,2016,第98页。

为进一步深入探明空间是什么及其性质，亚里士多德列举的"这个在那个里"的八种含义：一是部分在整体里；二是整体在部分里；三是"种"在"类"里；四是"类"在"种"里；五是形式在质料里；六是存在者在第一能动者手里；七是事物在善（目的）里；八是最严格的一种意义，如说事物在容器里，一般来说就是在空间里。亚里士多德认为，空间不能是前面七种，因为这几种"在……里"是指事物自身的本质和属性，直接来说就是构成事物的"四因"：质料因、形式因、动力因和目的因，它们与事物本身不能分离。亚里士多德排除了空间作为事物的形式、质料和间隔，认为空间是包围物体的界面。

亚里士多德强调，被包围的物体是指一个能做位移运动的物体，其直接空间既不大于也不小于内容物。但是，空间却是静止不动的，"恰如容器是能移动的空间那样，空间是不能移动的容器"。亚里士多德以船在河里移动为例，船的直接空间并不是包围它的与河水相接的界面，而是整条不动的河流，河水是包围船的容器。亚里士多德总结道：

　　因此，包围者的静止的最直接的界面——这就是空间。①

亚里士多德的宇宙（cosmos，即一个有限的、封闭的、球形的、有着绝对中心和边缘的和谐有序宇宙）静态秩序界定的位置是绝对意义上的位置，即一种宇宙论位置或"自然位置"（natural place）。宇宙的中心规定了绝对的"下"，宇宙的边缘（即最外层天球的内表面）规定了绝对的"上"。宇宙在做着环形运动，却是没有空间的。具体事物的处所——静止的界面表明了事物在宇宙中所应处于的位置，与整体的内在性关联。所以，亚里士多德一再重申：

　　既然我们说某物"在宇宙里"，是指在空间里的意思，那是因为某

────────────

① 〔古希腊〕亚里士多德：《物理学》，张竹明译，商务印书馆，2016，第104页。

物在空气里，而空气在宇宙里的缘故；同时，我们说某物"在空气里"也不是指在全部空气里，而是指包围着这个物体的那个空气里……"。①

由此来看，每个存在的事物与处所相连接，而又与更大的事物空间结合，从而与整个宇宙浑然一体。从整体上看，事物都静止在它所在的那个"自然的位置"，空间因而是静止不动的，有限封闭而和谐的宇宙构成了事物所存在的图景和意义。这就构成了古希腊理性视角下的哲学与科学混合的空间观念。

二 中世纪神学空间观

恩格斯说："中世纪的历史只知道一种形式的意识形态，即宗教和神学。"② 从某种意义上来说，神学建立的空间观也是形而上学的，它只不过是披上了基督教信仰的外衣。这种情况与基督教作为一神教的特质是有一定的关系的。关于这一点，我们可以将不同宗教体系中的空间观念做个简要的对比，以此来看欧洲中世纪基督教神学空间的特点。

古希腊罗马时代的宗教信仰是一种多神教。宗教信仰中的诸多神灵，如天神宙斯、赫拉、海神波塞冬等，作为原始宗教的继承和系统化，代表了古代人们所面对的自然力量的化身。众神居住在奥林匹斯山上，统治着天空、大地和人间。此时的空间观念，是人的感官所触及的各种各样事物的自然呈现，以及对它们之间相互关联的模糊认识，依靠人们的想象力将之置于可理解的意义网络之中。赫西俄德在《神谱》中说道：

> 光荣属于你们，宙斯的孩子们！高唱美妙的歌曲赞颂永生不死的神圣种族吧！他们是大地女神盖亚、星光灿烂的天神乌兰诺斯和黑暗的夜神纽克斯的子女，以及咸苦的大海蓬托斯所养育的后代。首先请说说诸

---

① 〔古希腊〕亚里士多德：《物理学》，张竹明译，商务印书馆，2016，第101页。
② 恩格斯：《路德维希·费尔巴哈和德国古典哲学的终结》，1997，第27页。

神和大地的产生吧！再说说河流、波涛滚滚的无边大海、闪烁的群星、宽广的上天，再说说他们之间如何分割财富，如何分享荣誉，也说说他们最初是怎样取得崇岭叠嶂的奥林波（匹）斯的吧！你们，住在奥林波（匹）斯的缪斯，请你们从头开始告诉我这些事情，告诉我，他们之间哪一个最先产生。①

在这种多神教的空间模式中，空间同样是一种自然力，它隐藏不见，只是成为诸神（各种拟人化的自然现象）表演的舞台，实质上是一种事物秩序的体现。但是，这个舞台可以随时变化自身的布置，多神教的空间没有一个统一性的背景化特征，也不是一个独立的东西，它是一个场景化的事物的交互。如果从这个角度看，我们也能够理解，为何亚里士多德把空间与事物密切联系在一起，说"包围者的静止的最直接的界面——这就是空间"？亚里士多德将空间作为一个独立的对象单独提出，并赋予了积极的意义，他建立了一个静止、有限、封闭的宇宙体系。这是理性、统一的必然要求，也是追寻事物秩序来源的必然结果。因而，这种空间观也预示了神学空间观的滥觞，亚里士多德的"至善"与基督教的"上帝"有某种异曲同工之妙。

如果说多神教的空间观念在于有限的自然，那么基督教的神学空间观的特质在于无限的创造。在神学中，空间之所以重要，原因在于空间与世界是天然联系在一起的。万事万物的存在需要有一个恰当的位置，并且按照托马斯·阿奎那的看法，事物总是处在一个不断生成、发展和因果的链条之中。通过无限回溯的方式，他论证了第一因或至高者的存在。在这里一切都不存在，那么，时间和空间也不能够存在，上帝不在时间序列之中，也不在空间里。这暗含着一个命题，即世界是有开端的，上帝是世界的创造者，同样是空间的创造者。

《创世纪》说：起初，神创造天地。空间因此而诞生，上帝通过时间的顺序创生世间万物。但这个顺序并不是世间万物运动与腐朽所表现出的时

---

① 〔古希腊〕赫西俄德：《神谱》，张竹明、蒋平译，商务印书馆，2009，第29页。

间，而是上帝全能的体现——万物在空间中所表现出来的令人无比惊异的秩序，这是自然神学产生的基础。斐洛在《论〈创世纪〉》中说：

> ……"起初，神创造天地"。在这里，"起初"这个词并非如某些人所认为的那样，具有时间意义，因为在有世界之前不会有时间。时间与世界同时产生或在世界之后产生。因为时间是某个由世界的运动所决定的、可度量的空间，又因为运动不能先于运动的物体，而必须是在运动的物体之后产生或与之同时产生，所以时间必定是与世界同时产生或在世界产生之后才有的。①

斐洛否定了创世阶段的时间性，那么它所不能忽略的就是创世的空间性，这表现为他所说的"同时"，即"世界在六日内被创造出来不是因为它的创造者需要一段时间做工，因为，我们必须认为神同时做完'所有'的事情，记住，'所有'这个词也包括神在背后发布命令的念头在内"。② 因而，对于基督教的神学来说，空间在上帝创造之后是静止的、神圣的，是上帝对万物和人所做的秩序的安排和永恒的旨意。

在关于地理学、天文学等方面的空间认知，中世纪的进步不大，甚至有所倒退。这是由于日耳曼人的入侵导致罗马帝国的崩溃，古希腊罗马时期积累起来的天文地理知识和计算方法急剧衰落，没有得到很好的继承。这一时期的主要空间模式，是为基督教教义的神圣性服务的。在具象空间的构造上，古希腊罗马天文知识的集大成者托勒密宇宙模型得到了重视。托勒密宇宙体系是共心天球的样式，地球位于宇宙的中心，围绕地球的是月球层、水星层、金星层，之外是太阳层，再外面是火星、木星、土星等天球，最外层是固定恒星层，也是天堂和天使的寓所。在这个宇宙模型的基础上，"中世纪最后一位诗人"但丁构建了他的"地狱—炼狱—天堂"的"人间—神国"

① 〔古罗马〕斐洛：《论〈创世记〉》，王晓朝、戴伟清译，商务印书馆，2015，第27页。
② 〔古罗马〕斐洛：《论〈创世记〉》，王晓朝、戴伟清译，商务印书馆，2015，第23页。

空间模式，虽然是诗意的描绘，但清晰地表达了中世纪时期，神人相合的空间生存秩序与法则。

三　多样化的空间概念和体验

回看人类文明最初的发端，原始文化之火的点燃具有零星且散乱的特征。这时候的空间是人们对周围事物的直观把握，它也是场景化、独特性的。随着交流的日趋加深和扩大，不同群体、民族文化的整合与分化一同前行。

从空间的角度审视，整合与分化两条相悖却又平行的文化进路与空间认知、观念有着密切的关联。就不同群体和文化的整合性而言，是源于"天""日月星辰"等具有普遍一致性的空间背景；就文化的分化性而言，是由于生存面临的地理空间的多样性。从人类社会现实相对应的方面来说，前者是表现为超越性信仰的不断融合，后者则表现为帝国政治的日趋分裂。

这种情况在西方是比较典型的。众所周知，古希腊罗马的文化融合了古代埃及、中东等地的文化要素，基督教是"两希文化"——希腊与希伯来的结合。马其顿帝国和罗马帝国的建立，为信仰的融合与统一做好了政治方面的准备，使得中世纪的空间统一性超越了地理方面的分隔性。但分化的因素一直存在，对以往空间观念的反叛，对静态空间模式的挑战，成为冲破传统生存方式的一个关隘。这似乎又返回到古代空间的多样性之中，但又不完全一样，因为此时的空间多样性关涉到人本身，而不仅仅是事物。

多样化空间概念所对应的是以往较为单一的空间观念。我们前述形而上学空间观或神学空间观，都是建立了一个包罗万象的空间模式，力图把天上地下的万事万物和行为礼制等都笼罩于其中。这种空间观自西方近代以来，已然是支离破碎，无法再浑然一体，也就不能成为价值和意义的源泉与守护者。

造成这种状况的原因主要在于两个方面。一是科学技术的进步，使得人们关于空间观察的急剧扩大与数学计算的无穷尽，在古代关于空间思想的"无限大"与"无限小"都被纳入直观感官之中，在科学中以奇妙的方式再次邂逅。如量子力学和相对论在黑洞中的聚首,仍是未解的空间科学之谜。二是理性暴露出了自身的有限性,主体性的人之多维度的存在被逐渐发掘,空间不再仅局限于直观的层面,而渗透到譬喻的存在境遇之中。

对于传统宇宙体系的改变,从根本上而言,是由于技术的进步,观测手段的改进,观察到新的天文地理现象,对以往的空间结构造成直接的嬗变。对于西方来说,14、15世纪是空间观发生"哥白尼式革命"蜕变的酝酿时期。这实际上也是文艺复兴以来人们对求知渴望的累积。这一时期,关于地理方面,制图学有了长足的发展,对地图的绘制因为商贸交流的扩大、战争的需求等更为精确。沿用至今的地理符号、方向标、经纬线等又被赋予新的学术含义。由于光学仪器及设备停滞不前,人们对于天空的观测只能依赖肉眼,但也取得了很大的成就。如丹麦天文学家第谷·布拉赫用裸眼观察天体运动,取得了大量的观测资料,为即将到来天文学革命提供决定性的经验证据。第谷的同事开普勒在此基础上总结出了行星运动的三大规律。伽利略改进了望远镜,并发现了木星的几颗卫星,同时捍卫哥白尼的日心说。至此,传统的地心说宇宙模型逐渐式微,由此也导致在哲学领域关于空间观的重大变革。

由此反观中国关于空间的认知,自秦汉以来,浑天仪、星盘、日晷的使用长期延续,但在技术方面并没有大突破,对星体的观察研究也缺乏望远镜等新工具的支持,人们对宇宙空间的认知依旧停留在想象填补实证的状况。中华帝国政治秩序的稳定赓续,儒家思想对"天"的理解仍从天人合一的思维出发,天象成为政治的考量和道德的教化,同时由于天人感应的宇宙人格化倾向,天文作为神秘的知识被官方所垄断,而没有脱胎为一门独立的实证科学。

伴随着人们实践经验和自然规律认识的高歌猛进,人的力量被重新发掘出来。文艺复兴和启蒙运动以降,西方确立了人的主体性地位和理性至高的权威。笛卡儿的"我思故我在",康德的"人为自然立法",启蒙运动高擎理性的大旗,开启了轰轰烈烈的反叛神学的思维革命。但与此同时,正如英国物理学家威廉·汤姆森(即开尔文男爵)所言,20世纪初物理学大厦上美丽而晴朗的天空却被两朵乌云笼罩了，这一时期理性的璀璨光芒下也滋长着令人不安的阴影。从精神的层面看，这是由于生存空间的"无限"重新进入了人的视野，宗教世俗化的开启，人丧失了以"天"来获取意义上的传统文化资源，理性只能给予人们现实的确证，却不能提供心灵的慰藉。

面对无限的宇宙和支离破碎的信仰，理性感觉孤独而无力，当人们遭遇危机之时，无处宣泄精神的感受，与此相对的非理性在人们的心中暴露出来。19世纪以来，哲学更多关注了意义缺失后的迷茫精神世界。人也必须为自己找到新的栖息之地，尼采的超人哲学实质上是超越理性的局限，海德格尔诗意的安居是为心灵找到归宿，存在主义是为理性的局限提供非理性的开放性补偿。

哲学的空间观已经不太能够直面科学的宇宙，纯粹的思辨已经无力整合数学和物理的世界，变得"破碎不堪"，只能不断地营造某种偏狭的一隅，为在无限空间中漂泊的人们寻觅一处短暂的适宜居所。由之，空间已经不能是纯然感性和实证意义上的，它必然走向象征与譬喻。20世纪的空间是丰富多彩的，让人十分眼花缭乱，诸如心理空间、精神空间、文学空间、政治空间、图绘空间、权力空间等，当然还有我们本书所要论及的虚拟空间、互联网空间。

实际上，我们可以看出，这些空间观念，已经不单纯是传统的空间认识了，即对人们所生存的物质环境的关系和事物本质的探究，而是把空间作为一个象征性的符号，由此来织造新的生存环境。如西方有的学者认为，权力在时间里比在空间里更加实在。虽然权力的表达需要传递，而传递需要时间。从信息的传输而言，时间是权力之延伸的载体，这是将速度引入了空间之中。但如若权力只是急剧传递，而没有静态和关系网络的控制，它是不能长久的。二战时德国的闪电战表明，权力通过时间向外急速分布，但其所达到的空间构造了权力的控制力，随着空间控制力的衰落，德国统治的权力很快就崩溃了。

现代空间多样化的一个重要方面，是古代统一性空间网络的解构，从而导致生存群体和生活场景的日益分化和"碎裂"。在古代，群体性的生存依赖于精神领域的统一性，原始人信奉某种巫术或神话，给予原始部落以生存的空间及发生于其中的事件的解释；帝国政治和一神教的兴起，人们生活于一个被恒定不变的自然规则和全能者所控制的世界中。当今世界，亚文化、亚群体意识觉醒、高涨，人们都渴望自己的权利和信念有一席之地，空间自然就成为个体、特定群体和自我存在的"桃花源"之意。如，西方有个GLBT，即同性恋、双性恋等亚文化群体，他们在古代文化中是难以被接受的，在当代多样化的空间中，他们便寻求自身独立存在的价值和意义，由此也构成了偏居一隅的特质空间。

因而，人们使用空间隐喻的一个深层的含义仍然基于空间的基本特质，这是不言而喻且是一种日用而不知的"先见"，即空间所具有的寓居、私密、封闭的天然特性。我们知道，在文明之前的远古时代，人们是居住在洞穴之中的，以此来躲避野兽和敌人的攻击。进入文明时代之后，空间被条块化、分割化为主体意识所占据的空间。当前多学科的发展，每个领域都有独自的视野和范围，空间也就成为一个象征性意义的符号表征系统。学科所建构的不同领域的知识空间与上述不同群体生存的空间有着密切的联系。知识反映了特定事物的关系，它映射着现实，以及人们在其中的实践。

如文学空间，在以文本、字符、词句、段落和纸张所形成的物质实体中，传递了作家某种信息，这种信息以符号表征的方式在读者的心中重现。但是，对于不同的读者来说，由于某种生活背景的差异，对作者意图的理解就有所不同，"一千个读者有一千个哈姆雷特"。因而，对于作家来说，他们利用语言构建了一个信息空间，而读者接收这种信息而形成自己的理解空间，作家的著作所构筑的有边界的、封闭的但又自成一体的文学作品涵盖了两个空间的塑造与沟通：一方面是作家的文学空间，另一方面是读者的心理空间。

传统的文学空间一般来说是单向度的，即便读者通过信件与作者交流，也受到时空的限制。现在的互联网空间、多媒体空间，每个人都可以随时发表自身的观点和看法，沟通也是即时的。更重要的一点在于，多媒体的互联网空间的交互，不局限于语言和文字，通过计算机的空间生成，人们在计算机界面呈现出了虚拟的现实世界；通过"互联网+"空间，整个感性的世界都可以随时展现在我们眼前。这是与以往最大的不同，也是对空间之形构的颠覆性的变革。

第二章
"互联网+"空间的本质、内涵及特征

计算机或许是我们无声的奴隶，盲目地执行每一项指令，但是我认为，我们可以从计算机上学到很多东西，通过它们了解这个世界乃至人类自身。

——〔英〕彼得·本特利

从一般性的哲学意义上来看，如果说人类文明以来的历史，是一部建构空间的历史，想必不会有太大的偏差。即便是从日常的行动和实践现象来看，也符合人们的直接感受性。实际上，人们创造空间，正是在创造自己的生存及塑造本己。从原始混沌未开之时蜗居于天然洞穴，到古代文明时期构筑新的建筑，再到当前信息化、数字化创造着互联网的生存方式，均是如此。不过，如此而论，我们发现逻辑上的不自洽。因为上述的空间发展历程，是人们关于身体"处所"的空间，但即便是在信息化时代，人们仍然需要一个物理居住的场所。因而，互联网空间虽然与以往的空间有着承续的关系，但其本质也与以往有了根本性的差异，这种差异并不纯然是在物质实体关系意义上的，更多的是一种精神和存在的意义。因为互联网在很大程度上扬弃了身体的"寓所"，而深入世界的本质。也就是说，人们不再以传统技术的样态，将之视为身体的延伸和工具性的产出手段，在计算机和互联网空间中，人们将身体数字化为新型的世界模式，并通过自然生成的方式来再现世界，并将人与此密切交融在一起。

如果我们从现象的直观角度出发，可以看出，互联网主要是作为一种技术，它在其原初的意义上，是一个新的传播媒介，为人们提供远距离传输和交互信息的能力，这在以往的空间交互模式中是不可想象的。但是，随着人们认知的深入和学科的细分，这种信息交互方式的生成机制，也就是互联网空间的构成基质，则是非专业人士所不能极为熟稔的。从直观的经验而言，经由计算机所生成的另一个"仿象"的超现实世界，并通过"因特网"而将全球的事物和人们连接成为一个交错的网络，这就是"互联网＋"。它超越了计算机作为"技术装置"或"数据计算和图像渲染"的工具，而成为新时代的"信息加工和转换驿站"。在其中，人们虽然一如既往地生活在由水泥、钢筋等浇筑的物质房屋中，但生存的情景都与以往截然不同，其中最为重要的一点是，"互联网＋"空间在自然深层的运行法则中呈现出了一种数字和符号的新型空间形态。

因而，我们看到，由计算机以及网络链接所构成的"互联网＋"空间的显著特性（特殊的方面），就是它对于存在者而言的不可入性、非围合性、创造性，就及由之而必然发生的"复合型空间"的特征。显而易见的是，这几个方面是与传统空间截然不同的。就计算机生成空间的机制来说，它超越了"原子"时代的空间筑成，不再是一种宏观视觉、触觉体验下的物质堆砌，而进入电子或量子时代的空间自动生成和新场景的创造。因而，"互联网＋"空间从技术上讲是依托于计算机形构自身的数字化空间，通过现代通信手段将信息在社会空间和人们之间进行多维度交互传递，它更多的是侧重于社会交互的意义。这种创造蕴含了人们不断革新的本质力量。

第一节　计算机与"互联网＋"空间的生成

"互联网＋"，顾名思义，是通过计算机和网络链接这个技术手段，将人类社会的不同领域联结在一起。但"互联网＋"背后的空间生成和运行法则，体现了计算机二进制系统的创造性，表现了人们对空间的深层次的理解，是人们对世界和自身看法的巨大嬗变。计算机生成的空间是"互联网+"空间得以成为现实的基础，由其塑造的"互联网+"空间中的诸多事物之关系，是对传统物理空间形态中的物质或社会关系的变革，它以数字化为生成方式、以量子为运输载体，不断生成整体相合且局部可无限放大的新途径，并通过日益人性化的"界面"与人们进行着全方位的交互。这个生成的过程，以及其背后的空间思想，也是建立在人们长久以来对空间不断探索的认知脉络之上。

一　从"原子"到"量子"

计算机已经进入千家万户，我们也进入了经由计算机和互联网所构建的网络时代。那么历史地看，这是个什么样的时代变迁呢？尼古拉·尼葛洛庞帝在其名著《数字化生存》一书中，开篇便说道：

> 要了解"数字化生存"的价值和影响，最好的办法就是思考"比特"和"原子"的差异。虽然我们毫无疑问地生活在信息时代，但大多数信息却是以原子的形式散发的，如报纸、杂志和书籍（像这本书）。我们的经济也许正在向信息经济转移，但在衡量贸易规模和记录财政收支时，我脑海里浮现的仍然是一大堆原子。关贸总协定（General Agreement on Tariffs and Trade，GATT）是完全围绕着原子而展开的。[1]

关于计算机或互联网时代与以往的差别，有的学者也认为是，"人类正在从工业时代走向信息时代、网络时代，或者说人类正在经历从 A 到 B 或 D 即从原子（atom）时代向比特（bit）时代或数字（digital）时代的变革"。[2] 实际上，我们知道，比特即是由二进制字符串所构成的，它本质上

---

[1]　〔美〕尼古拉·尼葛洛庞帝：《数字化生存》，胡泳、范海燕译，电子工业出版社，2017，第 2 页。

[2]　常晋芳：《网络哲学论纲》，《现代哲学》2003 年第 1 期，第 40 页。

是一个符号和代码,在赋予计算机和互联网世界以独特的属性和法则之时,其生成和运行则需要建立在技术逻辑和自然的本质基础之上。那么,这个数字化空间的基质是什么?如果单纯地从原子到比特,这个问题仍悬而未决。因为我们自身并不能直接感受到这个具有无限可能性的二进制数字化空间。

古代哲学家们通过抽象数来对世界加以形构,并形成经纬空间模式。譬如老子《道德经》所言:"一生二,二生三,三生万物",《周易》以其独特的阴阳爻符号系统推演世界万物,象数派更是以此来推断吉凶祸福,并将世界隐藏的信息("天机")"泄露"出来。但是,从一定程度上来说,这种数字化的构建,侧重一种抽象和概念的推演,与现实的事物实质上是一种直接映射的关系,即仍然遵循着能指和所指的对应性模式。虽然它力图发掘出事物的运动和交互关系所造成的结果与场景,但主要是预测而不是再现,只是一种对事物的符号化模拟,而不是信息本身的再创造。

从这个方面来看,计算机和互联网的数字空间与传统的空间的直观区别是,前者立足于微观世界及其运行法则,后者则是宏观的数字节点与网格化的模拟与抽象,将人置入空间节点之中。古代的空间因为人生存的介入,与生存价值有直接的关联,计算机和互联网空间对于人本身而言则不具有直接的存在论意义上的哲学价值,因为它有着自己独立的空间形态和运行法则,但二者都关涉世界的构成与内在本质,即计算机空间的生成特性与古代数字空间有着哲学意义上的共通性,不过二者构成的质料是有所差异的,我们可以将之视为从"原子"到"量子"的"跃迁",或者将之表示为 A 到 Q 或 D,即是从原子(atom)所形成的宏观世界建模到微观世界的数字化(digital)重组。

我们在此所说的量子,并非单纯的量子物理学中的概念,而是意指二进制的符号化特征,并且是在亚原子即量子化世界的空间生成,对于当代的计算机而言,也许用电子表示更合适,但量子代表着计算机空间改变自然的力量。之所以在原子和比特之间加入一个量子,是为了更为直观地表明计算机空间表征着人的本质力量,即人对自然的认知力与创造性。

先看一下尼古拉·尼葛洛庞帝从价值——更确切地说,是从经济的角度——来看计算机及其内在空间和事物的故事,我们再探讨为何将计算机时代的特性视为从"原子"到"比特"是不太贴切的,而如此也并没有探寻到计算机生成的基质和机制,以及关于人们对世界和空间认知的窑变——这可谓是量子世界的一种不确定性法则和自然的离散性。尼古拉·尼葛洛庞帝讲道:

> 最近,我参观了一家公司的总部,这家公司是美国最大的集成电路(integrated circuit)制造商之一。在前台办理登记的时候,接待员问我有没有随身携带膝上型计算机(laptop)。我当然带了一部。于是,她问我这部计算机的机型、序号和价值都是怎样的。"大约100万美元到200万美元吧!"我说。她回答:"不,先生,那是不可能的。你到底在说什么呀?让我瞧瞧。"我让她看了我的旧"强力笔记本"(power book)计算机,她估计价值在2000美元左右,她写下这个数字,然后才让我进去。
>
> 问题的关键是,原子不会值那么多钱,而比特却是无价之宝。①

实际上,拿"原子"和"比特"(数字信息)进行直接比较是不合适的。因为原子是一种物质,而比特则是物质经思维抽象后编码而成的二进制数位类型的信息,而信息在原子时代依然同样弥足珍贵,古代的大量信息也同样经过数字化的编码。对此,我们也可以举例说明,《易经》中的卦画就经过了数字编码;一本《论语》书作为原子的产物,除却罕见的古本,其价格无论如何也不会太高,但《论语》一书作为文字字符编码所传递的文化信息,其价值是无法用价格来衡量的,尤其对于中国人来说,则是民族和个人存在的价值源泉。

因而,网络时代的特性,在某种程度上,并不完全在于信息本身,虽然它是极为核心且十分重要的。因为,人们在自我意识诞生以来,尤其是进入

---

① 〔美〕尼古拉·尼葛洛庞帝:《数字化生存》,胡泳、范海燕译,电子工业出版社,2017,第2~3页。

文明时代以降，信息就是人之存在的世界构成的基本要素之一。在此，问题的关键是，信息是以何种方式被建构、表达和传递的，同时，信息是如何与时空相互架构和关联，并日益凸显出其具有独立地位和独特性价值的。计算机空间本质上的变化，乃是信息被高擎的一个根本的原因。这个原因不能单单从信息本身去发掘，而是从世界自身去探赜，由此能够得到世界本身的基质和法则，以及它如何向我们表征，并改变时空的结构和信息的禀赋。

古代人们关于空间的观察、认知和哲学思考，的确是从原子开始的。正如当代科学已经证实的，我们宏观的物质世界是由原子构成的。古人对于物质事物的认知，并不能说直接观测到了原子，但关于空间的探索，却深入到了原子的范畴之中。古罗马原子论者卢克莱修用诗歌的形式表达了他的关于"世界是原子构成"的思想，他写道：

> 你瞧，每当你让太阳的光线投射进来，
> 斜穿过屋内黑暗的厅堂的时候，你就会看见
> 许多微粒以许多的方式混合着。
> 在光线所照亮的那个空间里面，
> 不停地互相撞击，像在一场永恒的战争中，
> 一团一团地角斗着，没有休止，
> 时而遇合，时而分开，被推上推下。
> 从这个你就可以猜测到：
> 在那更广大的虚空里面，
> 是怎样有一种不停的种子的运动——至少
> 就一件小事能够暗示大道理而言，
> 借这例子可以把你引去追寻知识的踪迹。①

---

① 北京大学哲学系、外国哲学史教研室编译《西方哲学原著选读》，商务印书馆，2003，第203页。

卢克莱修的思想来源于古希腊。留基伯、德谟克利特和伊壁鸠鲁等哲学家们从唯物主义的角度来看待世界，他们认为，自然是由被他们称为 τομο（atom，原子）的"不可分割的个体"组成的。对于他们而言，自然是自由运动的原子整体，它们不断地碰撞、结合、分散与重组。没有创造万物的上帝，也没有不朽的灵魂，除了原子本身不可改变的内在本性外，没有任何事物是恒久的。自然是运动的原子物质的复杂集合。德谟克利特的原子哲学：

> 一切事物的本原是原子和虚空，别的说法都只是意见。世界有无数个，它们是有生有灭的。没有一样东西是从无中来的，也没有一样东西在毁灭之后归于无。原子在大小和数量上都是无限的，它们在宇宙中处于涡旋运动之中，因此形成各种复合物：火、水、气、土。这些东西其实是某些原子集合而成的；原子由于坚固，是既不能毁坏也不能改变的。①

伊壁鸠鲁关于宇宙和原子论述道：

> 宇宙为形体所组成。形体的存在是感觉充分证明了的，感觉，我再说一遍，就是推理的基础，我们就是根据它推知感觉不到的东西的。可是，如果没有我们说的那个"虚空""场所""不可触的实体"，形体就无处存在，不能像我们看到的那样运动了。……宇宙是无限的……原子永远不断在运动，有的直线下落，有的离开正路，还有的由于冲撞而后退。
>
> ……
>
> 还有，我们要认定原子除了形状、重量、大小以及必然伴随着形状的一切以外，并没有属于可知觉范围的东西的任何性质。因为每一个性

---

① 北京大学哲学系、外国哲学史教研室编译《西方哲学原著选读》，商务印书馆，2003，第47页。

质都在变化，而原子根本不变。[①]

　　关于宇宙是由"原子"和"虚空"构成的思想，是较为符合当代科学的。更为重要的是，这种关于世界构成质料的看法，以及关于空间及事物运动的思想，蕴含着计算机和互联网空间的基质，即时空及世界，是由离散的事物所组成的一个集合体。随着人们关于世界的认识的不断加深，量子世界逐渐呈现在人们的面前，计算机的数字化二进制比特空间，正是在这个基础上得以运转，形成了具有可控性的互联网空间，并改变了人们生活的时空结构和信息方式。

　　牛顿力学以来所确立的时空观，是基于时空是连续、均匀和各向同性的，这符合我们日常的直接感知。这种空间观反映到哲学领域，无论是心理学空间、人类学空间，抑或别的空间等，都有一个不言而喻的前提，即虽然空间存在着分隔和撕裂的属性，但从整体上看，我们的时空是无限延展、连续交互和平滑均匀的一个背景，如果不是这样，就不能解释我们的行动和思维是如何衔接的。但是，从当代前沿科学量子力学的角度看，时空在本质上是不连续的，因为自然或世界本身就是由不断生成、湮灭和跳跃的量子构成。但是，量子层面的世界和时空对我们大多人来说，完全超出了我们的知觉范围甚至想象力的边界，毋宁说它目前更多的是存在于数学和物理规则的统计范畴。

　　通过科学发展的历程，我们能更清楚这个变化。科学巨擘爱因斯坦提出了质能转换方程，这表明物质和能量在本质上是一个东西。在宏观世界中，我们知觉到物质和能量是连续、持续变化的，我们可以取它的任意值，但是随着科技的发展，越来越多的现象无法使用经典力学的观点去解释，例如黑体辐射中的能量问题，普朗克发现使用经典力学无法解释这种现象，他发现只有假设在黑体辐射中，能量是不连续的，取能量最基本单位的最小整数

[①]　北京大学哲学系、外国哲学史教研室编译《西方哲学原著选读》，商务印书馆，2003，第161、164页。

倍，才能很好地解释这种现象，于是普朗克抛弃了经典力学，提出了一个全新的概念——能量子，简称量子。普朗克指出，原子是物质的构成单位，而量子则是能量的最小单位。

伴随着这种思想，对于时空而言，则同样是不连续和离散的。这种情况与计算机空间的数字化信号的特征是一致的。我们前述无线电信号或者说信息在传递的时候有两种方式，一种是模拟信号，另一种就是计算机空间的数字化信号。模拟信号是随时间连续变化的，不随着时间连续变化，也就是间隔一段时间（通常为固定周期）变化的信号，其实就是离散信号。而如果离散信号只有有限个取值的，就是数字信号。数字信号，就其本质来说，是信号本身的一种属性或者数学上的特征。数字化信息的特性，是离散和间隔的。

因而，从科学的演进和空间哲学的角度来看，人们关于世界的认知，从原子的层面深入到了量子的层面，哲学也必定随其变化，这也是目前空间逐步裂变的根本的科学认知和思想根源。由此，宏大的叙事和历史的总体性进程，以及包罗万象的信仰等，都逐步在空间的离散中祛魅或世俗化了。在一定程度上可以说，传统的原子时代的宏观世界空间逐步丧失了哲学领域的统一性，非连续、间隔的、非均匀的空间认知日益占据思想的主导地位。但就技术所塑造的人们的新型空间来说，计算机空间同样离不开原子的基础，是建立在原子空间之上，但经由量子时空提供了生成的机制法则和实在的基础。

虽然古代有的哲学家的学说中折射出世界是离散的深刻思想，但从知觉范畴看，我们仍然处于一个连续的宏观世界之中。古代数字化描述的是连续、均匀和平滑的原子构筑而成的宏观时空，在这个时空中，信息传递只能通过原子的规则，在时间、速度和距离上都因囿于原子事物的特性而受到一定的限制。比如古人鸿雁传书、烽火报警等，都依赖原子事物的信息表达方式和传递模式，它是连续的，在某种程度上，需要牺牲时间才能跨越长距离空间。

在量子时代，新的世界法则和时空特性被发现，模拟信号虽然是基于连续性的，因无线电的速度极快，克服了传统信息传递的迟滞性，但不可避免地带来了损耗、失真等缺陷。数字化信息所描述、表征和传递的是离散的编码，这是从"原子"到"量子"的"跃迁"。而其本质是，在其具有基于时空的非连续性、离散和间隔的特征基础上，通过数字对微观世界进行描述和构筑。对于计算机空间和"互联网+"空间而言，就在于"0"和"1"的奇妙结合与时空变换之中。

二 二进制数"1"和"0"

计算机通过数字化形成了一个光怪陆离和变幻万千的新世界和元空间。这个空间与以往的物理空间是截然不同的。我们前述古代文明也构建了数字化的空间体系，如毕达哥拉斯就认为"万物的本原是数"，《道德经》也讲道，"一生二，二生三，三生万物"等。但这种对事物的编码是对事物存在状态的抽象和空间模式的"数形化"，即它的数字的体系化是对形式的仿象，与自然的节律和事物的运行同步而进行。

但是，计算机空间的数字化生成机制，是完全独立于自然的，并不与世界并行或同步，它有着自己的独立的空间生成法则，以及内在逻辑体系。甚至可以说，计算机空间是人类在对世界本质深刻认知的基础上所开创的元空间。在这个空间中，一个新的世界被创造出来，它犹如一个平行宇宙，与我们的世界并存，且介入和浸润我们的现实世界。计算机空间的生成在我们看来也是极简主义的，即通过二进制的逻辑运算实现信息的源源不断产生，二进制即是"0"和"1"两个基本数字的运算与组合，以此来生成其他数字乃至世界本身。

在计算机生成信息的过程中，或者说在计算机的存储器中，生成一连串的信息（比特）是以二进制编码"1"和"0"的形式存储下来，二进制编码"1"和"0"分别由"高""低"两种电压转换而来。[①] 这实际上可以认为，二进制仍是基于现实世界的对立统一的两种基本状态，这在传统哲学中

---

① 〔英〕彼得·本特利：《计算机：一部历史》，顾纹天译，电子工业出版社，2015，第78页。

早有自然的基础和深刻的抽象，如阴阳、光明与黑暗等。在计算机的电子电路中，二进制的运算依据的不是算术原理，而是逻辑原理。电子电路的"开"和"关"对应着"1"和"0"，从逻辑上讲是"真"和"假"，非真即假的逻辑系统从本质上来讲就是一个二进制的系统。[①]

就目前的普遍看法，二进制最早在学术意义上被提出，源自莱布尼茨1703 年在法国《皇家科学院纪录》上发表的一篇文章，题目是《关于只用两个记号 0 和 1 的二进制算术的阐释——和对它的用途以及它所给出的中国古代伏羲图的意义的评注》。[②] 关于莱布尼茨发明了二进制是否受到了中国古代哲学，尤其是《易经》阴阳思想的影响和阳爻—、阴爻--符号及运算的启发，学界对此有过颇多探讨，无论讨论结论是怎样的，这都算是中西方文化交流中的一件趣事吧。在发明二进制计数的基础上，莱布尼茨也制作了一台二进制的机械计算机，用来计算加减乘除四则运算，但能够进行微分计算的机器，直到 19 世纪上半叶才出现。从现代计算机科学来看，莱布尼茨的二进制与计算机的诞生并无必然的联系。我国有学者也认为：

> 电子计算机问世后，由于莱布尼茨发明的二进制算术派上了重要的用场，也成为"事后追认先驱"的典范。在莱布尼茨那个时代称其为二进制级数，即可以用两个数字表示任何数值并可以进行实加法演算。[③]

这是主要是从计算机科学诞生的角度来看的。因为，计算机的诞生与电子电路的科学认知、发明实践等密切相关。但是，莱布尼茨之所以提出二进制算术的方法和符号，并对《周易》的象数运算有着浓厚的兴趣，还在于

---

① 〔英〕彼得·本特利：《计算机：一部历史》，顾纹天译，电子工业出版社，2015，第 80 页。

② 〔德〕莱布尼茨：《关于只用两记记号 0 和 1 的二进制算术的阐释——和对它的用途以及它所给出的中国古代伏羲图的意义的评注》，见朱伯崑主编《国际易学研究》（第五辑），华夏出版社，1999，第 201~206 页。

③ 刘钢：《机器、思维与信息的哲学考察与莱布尼茨的二进制级数和现代计算机科学的关系》，《心智与计算》2007 年第 1 期，第 78~87 页。

他的深邃的哲学思考和逻辑思想。这两个方面与计算机科学有着直接的关系。

从符号逻辑的角度看，他开了西方当代符号和数理逻辑的先河，经由布尔、怀特海、罗素等人的发展，成为计算机、二进制和信息控制论的桥梁和运行基础。将二进制与莱布尼茨的逻辑思想结合起来看，他继承了亚里士多德的形式逻辑，提出了充足理由律的同时，并发展了思维就是计算的思想，以此来推演和建构世界，从这个角度看，莱布尼茨与《周易》大衍之数的象数推演还是有相似之处的。这样的思想是当代数理逻辑的先驱。但莱布尼茨并不完全满意自然语言，他也提出了采用符号进行运算的方法。

在这种符号化思想的推动下，莱布尼茨对二进制的提出以及对阴阳爻组合的兴趣，也就在情理之中了。在莱布尼茨看来，思维就是演算，而演算就是符号的运作。同时由于符号作为一种与事物对应的形式或代码，符号的推理过程就可以摒除命题的内容，单纯通过合乎自然的规则即可以得出有效的结论，逻辑推理和符号演算是一个等价的过程。这种新逻辑观与现代逻辑的基本原则是完全一致的。为了建立这种新逻辑并使思维演算得以具体实施，莱布尼茨还提出了用人工语言代替自然语言的设想。莱布尼茨将这种人工语言称为"普遍语言"。[①] 二进制的"1"和"0"在很大程度上可被视为一种"普遍语言"，并且成为当今数字化时代的生存基础和法则。关于莱布尼茨的符号逻辑与计算机诞生的思想脉络，迈克尔·海姆在《从界面到网络空间——虚拟实在的形而上学》一书中写道：

> 莱布尼茨的二元逻辑，脱离了物质内容，没有物质内容，依靠的是一种远离单词、字母和日常话语的人工语言。这种逻辑把推理处理为一种符号的组合，一种演算。与数学一样，莱布尼茨的符号抹去了能指和所指之间的距离，抹去了寻求表达的思想与表达之间的距离，符号和意

---

① 朱建平：《莱布尼茨逻辑学说及其当代影响》，《浙江大学学报》（人文社会科学版）2015年第 3 期，第 94 页。

义之间不再有任何鸿沟。一旦开动起来，莱布尼茨的符号逻辑后来又得到布尔、罗素、怀特海的发展，然后由香农用于电子开关线路——能以思想的速度发挥功能。……数世纪之后，冯·诺依曼在普林斯顿大学制造了第一台计算机，就是采用莱布尼茨的二元逻辑的一个翻版。①

对于计算机来说，最基本的功能和属性是"输入"和"输出"，在这个过程中通过处理器进行信号的转换和编码。万物并非源自巧合。20世纪初期人们在研究自动计算器（也可以说是计算机）和电话交换机时就认识到，关于量子世界或电子世界的信号控制，可采用一种特殊的开关——继电器，来进行由电控制的电动开关，这是现代计算机的雏形。随着技术的发展，20世纪50年代以后采用的电子管、晶体管、集成电路、微处理器等，在基本的逻辑原理上都类似，它们都有接通或闭合的功能，或者说是"开"和"关"。从现象上来看，这是一个非常简单的事实。但其背后却蕴藏着深刻的含义。

19世纪英国数学家乔治·布尔定义了逻辑的代数系统，并设定符号进行逻辑运算。布尔逻辑只需要运算符和"与"（AND）、"或"（OR）、"非"（NOT），就可以表达运算和任何逻辑语句。布尔逻辑的值只有两个——"真"和"假"，在技术上称为"二进制逻辑代数"。根据布尔逻辑的符号化和推理演算值二项化的性质，克劳德·艾尔伍德·香农敏锐地觉察到，逻辑和开关电路具有共同的本质。在《继电器和开关电路的符号分析》一文中，香农通过深刻洞察力和天才的数学能力，借鉴了布尔逻辑，并运用它来定义带有机电式继电器（电器开关）的电路，还将开关的连接方式改写成了逻辑表达式。

在计算机的二进制系统中表示数的两个符号"1"和"0"被称为二进制位（binary bit），简称为位（bit），即我们通常所说的"比特"，也就是二

---

① 〔美〕迈克尔·海姆：《从界面到网络空间——虚拟实在的形而上学》，金吾伦、刘钢译，上海科技教育出版社，2002，第96页。

进位制的字符串，也是一个信息单位。在计算机的数字电路里，包括电路和系统，其中只有两种可能的状态，这两种状态用两种不同的电压表示：高电平和低电平。在计算机这样的"1"和"0"二进制系统中，这两种状态的组合，称为编码（code），用于表示数字、符号、字母指令和其他类型的信息。二进制计数系统和二进制数字编码是计算机的基础，但同时运用的还有其他计数系统，如十进制、十六进制、八进制、四进制等。但从根本上来说，二进制系统似乎是自然界为计算机空间的生成打开了方便之门，而且是数字电路中实现符号编码和逻辑门的应用路径。

从哲学的角度来看，二进制系统作为两项数值和基本符号结合的运算模式，具有创生性的特征，我们前述莱布尼茨提出二进制有着哲学上的意义，反映了他的基督教神学背景，莱布尼茨曾经探讨过二进制"从'无'中造万物"的意义[1]。但是，数字，尤其是二进制的"1"和"0"如何创造世界呢？从技术现象的角度来看，计算机的二进制系统所生成的数字空间不但与以往的传统物理空间不尽相同，而且与传统哲学所形构的数字化空间有着显著的差异。在生成的机制方面，也就是在创造方面，二者显然是不一样的。

古代的数字空间，即便如《周易》的象数派推演，也与计算机空间不同。直观而言，古代的数字化是对事物本身的一种抽象和标记，或者说能指和所指有着明确的映射，整体上看来是对世界表象所进行的"事物—符号—概念—再现"的表征和实践过程，或者说能指和所指中间始终有着一个感性的事物在人的意识之中指引着，人在数字生成和传递的过程中起着中介的作用。这样一来，古代的数字化空间仍然是人们所生存的一个物理的、宏观而连续的时空结构。也就是说，古代的数字化更多的是对事物的存在状态及其运动关系的一种模拟，从根本上说，它自身并没有生成一个独立的空间形态。

计算机的数字化空间，已不全然是对事物宏观表象本身进行的抽象，而

---

① 秦家懿编译《德国哲学家论中国》，生活·读书·新知三联书店，1993，第47页。

是对事物所呈现和传递的信息的再编码。它具有自身重新创造的性质，在输入指令之后，计算机本身自动生成与原子构成的物理世界截然不同的新世界和空间模式。其过程是"信息—符号—信息—再现"。正如我们前文所论述的，在计算机数字空间生成的过程中，也呈现出离散特征。从技术角度说，计算机通过数字信号处理，可以将自然产生的模拟信号，如人的感官所接收到的声音、光、影像，以及类似人体感官的传感器搜集到的人所不能感知到的信息等，转换为数字形式，这个过程是将平滑变化的模拟信号转换成一系列离散的电平（level），并通过模数转换器（ADC）量化为二进制编码。此时，我们可以看到，计算机的二进制系统是对世界、信息和事物的重新构造，它所形构的是一个独立的二进制数字空间。虽然这个空间与物理空间有着直接的关联，并且也必须通过界面与人发生关系，但它的时空已经在某种程度上独立于二者之外。

三　信息方式的变迁

前面我们提到，计算机自身是一个独立的二进制系统，对模拟信号（非比特信息）经过量子化的离散值采样和电路保持，生成数字信号（比特信息）。但是这种信息的产生是在计算机硬件或物理器件之内进行的。因而，信息生成之后要获得存在的价值，就必须进行输出，让输入者知晓运算的结果，在更广泛的意义上，在人们之间进行信息的传播与分享。比如计算机进行微分分析后，在纸带上输出计算结果，而不同地点的研究小组对此能够及时获悉数据。这种想法是再自然不过的事情了，人是一种群体性的动物，在任何时候都需要信息的交流。实际上，在计算机诞生之前的电话网络，就已经把各地的人们密切即时地联系起来。计算机更是如此，它不但要创造，更是要在全世界传播，它的空间具有智能和独立性，又反过来浸濡到现实的物理世界之中。彼得·本特利说道：

> 计算机是喜好社交的机器，它们在横越高山大海、遍布广袤大陆的
> 网络中一刻不停地相互交流。它们的语言举世通用，不分国别；它们的

脉动承载着人类的工业、知识、文化、思想乃至愿望。①

我们知道，现代真正意义上的电子计算机在美国于 1946 年诞生后，计算机是一个较为庞大、笨重且昂贵的设备，这时候是很难普及的，到 1950 年二进制系统和存储程序才被用于计算机之中。20 世纪 50 年代中期以后，第二代计算机采用了晶体管，成本逐步下降，部分高校、科研机构和军方等都用计算机来进行研究和实验。到了 20 世纪 70 年代，计算机开始使用大规模集成电路作为处理器，小规模集成电路作为逻辑元件，并使用虚拟存储器技术，将硬件和软件分离开来，从而明确了软件的价值。从而，20 世纪 50 年代以后，不同计算机之间有了局部连接的需求（局域网）。随着计算机功能的强大和日益普及，很多科学家也认识到，在计算机之间建立远程连接是一个非常具有实际意义的做法。曼纽尔·卡斯特说道：

> 因特网在 20 世纪最后 30 年间的创造和发展，是军事策略、大型科学组织、科技产业，以及反传统文化的创新所衍生的独特混合体。因特网的起源是世界上最有创造力的研究机构——美国国防部高级研究计划局（The US Defense Department's Advanced Research Projects Agency, ARPA）所执行的一项工作。②

1965 年，英国的计算机科学家唐纳德·戴维斯就提出了在分组交换技术的基础上，建立一个覆盖全国的数据网络。美国国防部高级研究计划局所赞助的研究项目阿帕网于 1969 年问世，此后，美国的高校和政府机构逐步接入阿帕网。到 20 世纪 70 年代中期，阿帕网连接到了欧洲，已经具备了今天意义上的国际网络了。不过，要实现互联网，它还有两个难点，也是重点亟待解决的：一方面

---

① 〔英〕彼得·本特利：《计算机：一部历史》，顾纹天译，电子工业出版社，2015，第 147~148 页。
② 〔美〕曼纽尔·卡斯特：《网络社会的崛起》，夏铸九等译，社会科学文献出版社，2001，第 53 页。

是计算机连接的网络语言的通用性问题，也就是统一的信息交换标准；另一方面是个人计算机的大规模普及，否则，把广大民众排除在外就不能成为真正意义上的互联网，正如印刷术发明之前，书籍不能普及到大众，知识和权力仍将掌控在少数人手中。但互联网技术的发展，在推进信息民主化的同时，也造成了信息资源的高度集中。信息民主化让个体有了自我符号化和表征的幽径，但由于大规模集成电路的出现、高性能微芯片和超级计算机的诞生，信息作为利益的承载者，通过日益异质性配置而生长为极度膨胀的网络之枢纽。

1974年，供职于美国国防部高级研究计划局的罗伯特·卡恩发布了新的计算机之间的连接"语言"，即今天所说的互联网协议，通常称呼 TCP/IP，即"传输控制协议和互联网协议"。这个传输技术的发明可以说是计算机技术的重大突破。它的传输也是二进制的，这个问题香农早就解决了。这个传输过程，犹如二进制系统的数字化生成方式一样，也是自动进行的，因而从某种程度上说，互联网空间，以及现在的"互联网+"，与计算机在本质上是统一的，它有着自己独立的运行动力和机制，信息一旦产生，传输和再现的过程就是自动的了。这种信息的传递方式是一个极为重大的变革，如果可以类比的话，古代的信鸽或"鸿雁传书"与之有所类似，更确切地说，它类似于模拟信号的传递，至于数字信号，则就有着质的不同了，因为信鸽或"鸿雁"是不会生成数字化信息的。彼得·本特利对此形象地说道：

> TCP/IP 是一个设计精巧的封装或抽象系统，它能够确保信息在电话线、卫星链路、光纤电缆上准确无误地传输，同时，应用程序或 TCP/IP 数据的使用者也无须了解信息传输的具体机制。这也是为什么人们常说，TCP/IP 只需要两个空罐和一根线就能够实现信息传输了。[①]

"互联网+"亦是如此。现代我们在日常生活中，都已经习惯于某宝网

---

① 〔英〕彼得·本特利：《计算机：一部历史》，顾纹天译，电子工业出版社，2015，第100~101页。

购物、网上交纳水电费、国际贸易网上结算、网上银行办理业务、医院开展网络远程问诊等，以前线下进行的实体活动，在互联网上都能够以虚拟和非实物的方式实现了。但是，信息生成和传递的机制却是普通用户所不了解的。事实上，对于非技术人员来说，也不必了解，我们只要能够学会使用就行。数字化的系统和计算机硬件软件的复杂性，一般用户难以深入把握，但"互联网+"空间通过用户终端的设备，如手机、个人电脑、平板电脑、可穿戴设备、虚拟成像等技术，呈现出良好体验的"界面"特性。所谓使用计算机设备和空间交互的良好体验，或称为"上手经验"，实质上是说，计算机的生成机制虽是我们所不能熟悉的，且是独立地在微观世界进行的，超越于我们官感之外，但是计算机的设计"显象"仍然是我们所熟知的平滑、均匀和连续的空间感知。

这个过程是通过"界面"进行交互的，本章第三节会较为详细地论述"互联网+"空间的界面特性。它实际上也是由计算机所生成的，或者说是一种对计算机空间的还原。对大多数普通人来说，现在最为主流的"界面"，也可称为"操作系统"，计算机操作系统有微软 Windows、苹果 Mac OS、Linux 等，手机的操作系统有安卓 Google Android 和苹果的 iOS、华为的"鸿蒙"等。这些操作系统在商业方面和普及性上获得了极大的成功，其主要原因在于，其界面设计的人性化和易"上手"的特性。通过"界面"的时空再现，人们克服了传统时空的疏离，通过信息的即时双向传递而臻于存在的定位，人以自己的创造重塑了时空的感受性，同时重新建构了时空模式。

正如人们寄信需要有人发出信件，同时也需要有一个接受地址一样，互联网上的信息传递也需要有一个精确的地址，这样通过网络协议和光纤传递的信息才能准确无误地交互传输而不发生偏差。人们为计算机分配了地址，分两个步骤进行，一是将某个计算机或网站的地址用日常自然语言表达（域名），输入计算机之后，它会自动转换为对应的数字化地址（IP 地址）。对计算机分配地址后，人们可以在操作系统中通过"浏览器"进行直观的信息交互，人们今天使用电脑、手机等，都会通过百度、腾讯等"浏览器"查询和阅读信息。这最早得益于万维网（World Wide Web）的发明，它采用了鼠标/图形用户界面，每一个文档和图片都有自己的标识符，通过输入URL 地址，可以得到各种信息——图片、文档、音频、视频等的精确位置和计算机地址，同时可以进行下载和复制。通过科学家们的辛勤付出和不懈努力，互联网成为人们生活中必不可少的一部分，把它视为有史以来最伟大的发明也不为过。它不断创造人们的生活空间，也日益开创新的生存空间，拓展人类认知的界限。

姑且不论军事技术、科学研究等，就人们日常生活而言，人类也已然离不开计算机和互联网，它已经融为人们生活的一个部分。从技术角度看，计算机乃是作为一种技术和工具，但技术作为解蔽的功能对于普通大众而言是一种疏远的情景，而工具的物质性和实在性并不是人类生存的核心要义，因为工具自身的感性形态不能替代人对事物和自身的关联抽象，它依赖于工具的触感、在手的安全感和与周围事物——环境、他人、动植物等的应对和关系。也就是说，人们需要构建一个有着定位系统的空间网络。

互联网的发展历程表明了这一切。人们需要为自身定位和定向，即日益生活在世界的表征符号和工具所带来的联结感中，而不是单纯的工具中。正如刘易斯·芒福德所言，人"是依靠象征符号，而不是依靠工具"。① 就计算机而言，它的二进制符号系统和生成过程，对于我们是消隐不见的，我们面对的似乎仍然是传统的空间形态。但是，计算机却不断深入精神深处，通过改变信息的生成和传递方式，对人类自我的生存境遇有了真实的感知，这区别于以往的空间想象和探险，而是人自身本质力量的对象化。在古代的空间定位是依赖于他物和宏观的关系网络，刘易斯·芒福德说：

> 通过各种礼制，古人类首先要面对的、继而去克服自身的好奇心；然后，在宇宙世界中给自己找到定位或者对应物。从此，它就跳过了动物王国的界桩，因而也些许消减掉他那强大却不知如何应用的中枢神经

---

① 〔美〕刘易斯·芒福德：《机器的神话（上）：技术与人类进化》，宋俊岭译，中国建筑工业出版社，2015，第33页。

能量所带来的恐惧和不安。后来，到很晚时期，这种发端时期方兴未艾的原始冲动，就会逐渐集合起来，统一在宗教精神实质之下。[①]

在计算机空间中，我们可以把各种互联网协议、二进制运算规则、电脑接口和手机充电口的标准化等视为一种"数字化礼制"，但是与以往宗教信仰、儒家伦理等的礼制不一样，当代的计算机空间"数字化礼制"满足和实现了人类所有的好奇心及对其对应物的追寻，它与人并非一种宗教式的救赎或者信仰之关联，计算机有着自己的空间和法则，并让人非虔诚地尊崇或膜拜，还总是使得人在痴迷着背后的无限境遇。人与计算机在时空上逐步融合，既是与他人和事物所在的世界再连接，也是与自我和精神的创造力再相遇。马克·波斯特说道：

> ……电脑网络已形成一个新的社会机体，……人类与机器间的共生合成体（symbiotic merger）可以说是正在形成。我们一直觉得人类身体在世界中的位置有一个界限，而这种共生合成体威胁了我们这种感觉的稳定性。人类创造了电脑，接着电脑又创造新型的人类，这也许正在悄然发生。[②]

从计算机空间、"互联网+"和人本身来看，有着三个空间关系的结构表征：数字化（虚拟）空间、社会（物理）空间、精神（感知）空间。这三个空间以计算机的"技术装置"构建的数字空间为基础，形成了一种复合型的"互联网+"空间模式。数字化生存的场景可以说是这三个空间的碰撞与交互，由之所形成的社会关系和空间模式，以及所蕴含的"互联网+"空间的特征，揭示了当代互联网所塑造的数字化空间的内在要义。

---

① 〔美〕刘易斯·芒福德：《机器的神话（上）：技术与人类进化》，宋俊岭译，中国建筑工业出版社，2015，第85页。

② 〔美〕马克·波斯特：《信息方式——后结构主义与社会语境》，范静哗译，商务印书馆，2014，第7页。

第二节 "互联网+"空间的本质与内涵

在前面我们对计算机和"互联网+"空间的生成有了一个论述。可以看出，在科学技术哲学意义上，计算机和"互联网+"空间是人类电子和工程技术日益进步的成就，是对世界存在状态和时空模式的内在逻辑深邃洞察的硕果，是科学对世界的本质和结构更深刻把握的伟大创造。在社会空间塑造的层面，"互联网+"空间是物理空间、社会空间和精神空间发展到一定历史阶段的产物，是一种人之生存和发展的复合型空间。"互联网+"空间的本质是在技术基础上展开的数字化、信息化和符号化的空间建构与链接；其内涵是虚拟空间与现实空间的有机整合，既扬弃了现实空间的物理特性，也赋予了数字虚拟空间的符号实在性，开辟了人生存、交互的新型空间形态。"互联网+"空间在很大程度上打破了人与物的界限，开创了一个独立却又更为丰富的数字化的、自由且独立的元空间，就其社会意义而言，全面更新了人与人、人与物的社会交往时空。

一 "互联网+"开辟了一种元空间

关于"元"的释义，《尔雅·释诂》曰：元，始也。《十三经注疏》邢昺对此疏曰：元"初始之异名也。初者，《说文》云：从衣从刀，裁衣之始也。……元者，善之长也。长即始义"。[①]"元"字在金文中为象形字ㄅ，像人突出头部，本义为人头，人头是人体的最上部分，引申为开始的意思。[②]孔子作《春秋》，书"元年，春，王正月"，以图恢复周礼和"王天下"的政治秩序。《公羊传》对此释义曰："元年者何？君之始年也。春者何？岁之始也。"

在哲学研究领域，也有"元哲学"的概念，《牛津英语大辞典》释义，

---

① 李学勤主编《十三经注疏·尔雅注疏》，北京大学出版社，1999，第 8 页。
② 管锡华译注《尔雅》，中华书局，2017，第 2 页。

"meta"（元）是超越……，在……之后的含义，这一前缀加到某一学科的名字前面，表示的是一种比原来学科更高的、研究该学科深层次的、更为根本的问题的学问。在古希腊语中，"meta-"（元）既指"在……之外或之后"（类似拉丁语中的"post-"），又指地点或性质的改变（与拉丁语中的"trans-"相关），即运输和（或）超越，如 metaphor（隐喻）一语词根所见。①

从上述两种不同的文化语境中的"元"字之释义，可以看出，东西方关于元的时空含义是不尽一致的。在中国文化语境中，"元"字更多地包含着时间的内涵，如我们农历通常所言的"一月"或"正月"，也称为"元月"。但是，在较早的象形文字中，"元"与人的头部是相对应的，这表明"元"在中国文化的另一深层含义，即"元"作为一个事物的核心和关键的组成部分，并成为确定事物关系的中枢。即便从"元"的时间含义方面来看，对于以农业立国的古代中国来说，这个时间背后是反映了空间的法则，或者说，"元"，时间的开始和运行，是由空间来确定的，这即是"观象授时"。

对于古代农业社会而言，观象授时是通过空间确定时间的过程，由此可以制定指导农业生产的历法。因为较之于物候，天上的恒星是不变的，太阳的运行也有着较为精确的轨道，空间方位的秩序性可以判断时间的次序性。《尚书·尧典》曰："乃命羲、和：钦若昊天，历象日月星辰，敬授民时。"②同时，帝尧任命羲仲、羲叔、和仲、和叔分别观测星鸟、大火、虚星、昴星在天空和赤道坐标系的位置，来确立仲春、仲夏、仲秋、仲冬。这种对天空恒星和太阳运动轨迹的观测，确立了人们生存生活的时空范围，二者相互限定，空间与时间是可以相互转换，且成为密不可分的统一体。关于观象授时的目的，帝尧也说得很明确："咨！汝羲暨和。期三百有六旬有六日，以闰

---

① 〔美〕爱德华·W.苏贾：《第三空间——去往洛杉矶和其他真实和想象地方的旅程》，陆扬等译，上海教育出版社，2005，第41页。
② 李学勤主编《十三经注疏·尚书正义》，北京大学出版社，1999，第28页。

月定四时，成岁。允厘百工，庶绩咸熙。"① 显然，观星象以确立四季，也由此规定百官职务，从而，敬天祭祀、农业劳作、国家管理都能够有效开展了。在中国文化语境中，"元"实质上包含着"时空一体"的观念，并蕴含了深刻的人、权力和社会的关系。

西方关于"meta"（元）的含义可追溯到古希腊时代。古希腊时代西方哲学侧重于本体论，即寻找万物和宇宙的本原，因而它的空间观具有超越的意味，超越有形体的、实在性的事物。文艺复兴以降，西方哲学关注于认识论问题，哲学空间观反诸人内在的感觉、理性、直观等，走向了一条心理学的进路，如表现在康德的空间观和贝克莱的"存在即是被感知"、休谟的因果联想等。当代西方哲学走向了符号逻辑和语言学进路，开启了"分析时代"潮流，此时涌现出"元理论""元科学""元哲学"等，对哲学、科学、伦理学、语言学等学科中的概念逻辑、科学实证和语义结构等进行分析，并由此而发展出庞杂的数理逻辑、符号象征和事物结构等思想体系。从某种程度上说，这种哲学的观念就其思想本质而言，是对科学关于世界认知的加深而做出的哲学和文化反应。

上述两种文化的空间模式表明，西方的哲学空间在符号学方面与计算机和互联网空间有对应性，但从空间—社会—人的视角看，中国空间文化与计算机和互联网空间之间有着某种结构性的对应性，即表现为一种网络化和经纬化的特征，并将人放置到一个重要的环节，因而，中国传统的空间观之意蕴，更能从生存的境遇方面来返照当代人在计算机数字化空间中的状态。我们在此为所谓的"互联网+"开辟了一种"元空间"，侧重于中国的含义，但也蕴含着计算机和互联网空间的符号和数字化形态。

从"元"字的最初含义可以看出，它表示"开端"的意思。经过前文的论述，也许已经可以表明，计算机和互联网所创造出的空间形态，在某种程度上而言，与以往的空间有着本质上的区别。其根本的原因则是在于，由于对世界运动和关系的深入了解，人们能够通过数字这个抽象的符号，实在

---

① 李学勤主编《十三经注疏·尚书正义》，北京大学出版社，1999，第31页。

地再创造一个独立的世界。这是一种创造性的力量,不是以往单纯的模拟和自然的抽象,或者说是具有映射关系的比附,而是对它的再加工与创新,由此,人类本质力量的对象化,以及在世之生存,都有一个新的形态。麦克卢汉对此也说道:

> 数学家莱布尼茨在只有0和1的二进制系统那神秘的优美中看到了创世的形象本身。他相信,最高存在的统一性通过二进制功能在虚无中的操作,足以从中拉出所有的存在。[①]

计算机中的数字化符号体系和运算法则,是互联网空间得以生成和构建的基础。"元空间"是指人类生存空间模式和生活空间形态的新起点和新开端。它把人的意识和思维的内空间与世界的内在运行法则密切联系在一起。但在其中,人不仅仅是一个旁观者或参与者,只能透过自然的缝隙透射出的光来窥见自身的价值和生存的意向,还是通过自身的主体性的创造和把握,在已有空间的基础上,向着具有本源性的创造力的回归。在社会空间的意义上,这种回归也是对传统空间模式的一种扬弃。在一定程度上,互联网空间扬弃了物理空间,如建筑空间——定向和居住的某种消极方面,借助于数字符号创造性的力量,以及思维和精神的寻觅,把身体的无家可归、孤立和隔绝的某种状态给拯救出来;也部分地打碎了传统僵化的空间模式和阻碍表达个体意志的枷锁,释放了被压抑的诉求和自我的主体性。

互联网开创的"元空间",是前所未有的空间构造和呈现,且与电影、电视和视频等不同,电影等是单向的信息传递,互联网空间却是将自我作为一个感性又抽象的符号,能动地嵌入空间的历程。互联网空间同样是超越身体的感性、旅行和地理学的结合。爱德华·W. 苏贾在论述列斐伏尔不平凡的旅程时引述一位作家的话说:

---

① 转引自〔法〕让·波德里亚《象征交换与死亡》,车槿山译,译林出版社,2016,第73页。

旅行是空间中的一系列运动。旅行者的经验生成一种新的秩序，借助这种秩序，地理学超越了知识。我们的地理学入侵了地球，这是第二次的旅行，是借助于知识的再次占有。地理学不是别的，当知识变成世界性的和空间性的时候，当它不依赖于任何权力的时候，地理学就诞生了。①

当互联网空间从计算机的符号系统中"浴火重生"，实际上消弭了地理学和身体的在场、旅行的意义，以及建筑空间的居住等对我们在世界中存在方式的协调。它难以捉摸，但又无处不再，似乎是个幽灵，却又具有实体。互联网空间具有无限的可能性，但从另一个角度看，互联网空间也催生了不确定性的关系和负面的"精神流浪"，正如马克思对资本主义的批判，对此也是恰如其分：

一切固定的古老的关系以及与之相适应的素被尊崇的观念和见解都被消除了，一切新形成的关系等不到固定下来就陈旧了。一切等级的和固定的东西都烟消云散了，一切神圣的东西都被亵渎了。人们终于不得不用冷静的眼光来看他们的生活地位、他们的相互关系。②

二 "数字化"蕴藏着新型的空间模式

在互联网时代，人们现在一个耳熟能详的概念，即是"数字化"。关于计算机及"互联网+"空间的生成，"数字化"是其必要的基础。"数字化"一词是伴随着计算机的普及而来，它是为了解决信息通信问题的一种物理和数学方法，并通过技术变革而日益深远地影响着人们的生活。

就物理和数学意义上来说，"数字化"的信号一般是与模拟信号相对而言的。19世纪，人们发现无线电波并将之运用到通信之中时，采用的是模

---

① 〔美〕爱德华·W. 苏贾：《第三空间——去往洛杉矶和其他真实和想象地方的旅程》，陆扬等译，上海教育出版社，2005，第31页。

② 《共产党宣言》，《马克思恩格斯选集》（第1卷），人民出版社，1975，第254页。

拟信号，如贝尔实验室在长途通话技术中用的即是模拟信号。当打电话的人对着话筒说话时，模拟变换器把声音、光等的震动转换为电信号，并根据输入的振幅而改变电信号的频率进行连续的输出，也即是将音调高的声音转化为高频电信号，在波形图上波峰和波谷的间隔更为密集，音调低的声音转化为低频电信号，在波形图上波峰和波谷的间隔变大。这种通过将声、光等非电的信号转换为电信号的过程是连续的，在传输过程中电信号随着距离的增加而衰减，信号也就越来越失真，噪声在信号接收端还原的声音背景中就越大，从而影响通信的质量和保真度。

为解决通话受噪声干扰的问题，1948 年，美国信息论的创始人克劳德·艾尔伍德·香农发表了一篇论文《通信的数学理论》，开创了信息论研究的基础。香农认为，要规避通信中的噪声问题，可以采用两种类型的信号，即 1 和 0，这两种状态对应着电源的开和关，也是最为简单的信息类型。他把 1 和 0 这两种状态的信息类型称为比特，也即是二进制位数。数字信号是在模拟信号的基础上经过采样、量化和编码而形成的，模拟信号通常使用 PCM（脉冲编码调制）方法量化并转换为数字信号，PCM 方法是使不同范围的模拟信号对应不同的二进制值。例如，在电话通信过程中，将声音模拟信号转化为二进制数位（一连串的比特），二进制数位携带了关于声音信号的波形信息，发送端转化为数字信号，以 1 和 0 组成比特序列传输，并在接收端还原成模拟音频信号。香农的思想引发了 20 世纪下半叶以来数字化的革命，在当前互联网时代，数字设备无处不在。我们每天使用的计算机、电话、电视、收音机、平板电脑等，都是使用二进制代码，即 1 和 0 来对信息进行编码。也就是说，我们的确生活在一个数字化的世界之中，目前几乎所有的信息传输、储存和操控都是以数字为载体，而不再使用较为原始的模拟信号形式。

在"互联网+"空间的交互中，也是以二进制系统为基本的运行规则。如我们打开手机某宝网，查找某个商品，选择好型号之后，点击下单并支付，货款先支付到某宝网这个中介，购买商品的信息传递给商家，商家在线下仓库打包后交给物流公司，最后几经辗转，送达购买者的手中，当确认商品无损坏时，再次点击某宝网中的"确认收货"即可以支付给商家货款。这整个线上—线下的往来过程，除却人力进行的物理操控之外，信息的生成、发送和确认，都是通过计算机系统的数字化模式自动生成并完成的。

这个购物的流程对我们当下"数字化生存"的人来说再熟悉不过了。但这个数字化却是隐藏在界面——计算机、平板电脑、手机屏幕的显示器——背后的自动运算程序。我们的空间感并没有发生本质的变化，身体和意识也更没有进入计算机等智能"互联网+"生态的系统之中。但从其现实性上来说，这种数字化的生存世界，似乎消除了地理和时间的限制，即等待物流寄送包裹的过程是令人激动的，也许可以忽视它。正如尼古拉·尼葛洛庞帝所言：

> 数字化的生活将越来越不需要仰赖特定的时间和地点，现在甚至连传送"地点"都开始有了实现的可能。①

这是否意味着在数字化时代，时空（世界）对于人而言已经没有了实存的意义？其在某种程度上与 1 和 0 所代表的"是"与"否"的编码类型相似，也具有双重的表征。一方面，对于个体和身体的处境来说，时空仍然是实在的东西，比如我在逛网络商城的时候，手机这个事物与我的手发生了空间的关联，没有它，我的主体性和自我就难以表现为现实性。物质性的事物及其在作为主体的"我"的空间的分布——数字化的载体和终端，对于"互联网+"时代的生存而言仍然是不可或缺的。另一方面，对于远离"我"——主体、身体与自我——的事物及场景，时空因数字化的生成和即时传输而消隐了自身的存在感，譬如因为受到新冠肺炎疫情的影响，孩子们不能复学，只好通过"互联网+"在家中上网课，企业不能复工，在家通过 App 等进行远程办公。数字时代的场景和地点可以通过网络进行高度拟像的仿真，并呈现在个体面前。

---

① 〔美〕尼古拉·尼葛洛庞帝：《数字化生存》，胡泳、范海燕译，电子工业出版社，2017，第 160 页。

虽然这种拟像和仿真的数字化编码显象，并不能完全等同于现实的物理空间场景，但凭借想象和情感的弥补，这样两种空间的结合——计算机（手机、电脑、平板电脑等）内在的数字化运算空间和个体的身体及处境所占据的物理空间——构成了数字化时代人们生存生活的"间融"性，即这两种空间既是间隔的，同时在数字化显象的意义上又是融合的，人在其中成为一个"融点"。这是数字化时代所蕴含的世界结构新模式，人在数字化或"互联网+"空间中作为一个核心，整合着个体化的时空、想象、情感与数字化疏离、再现和间融。

如果从数字化生存的另一个角度看，人们用数字将时空或世界以网格化的方式笼括起来，并以此来进行意义的建构和释义，从而为人提供生存的价值和行动的指南，那么，正如我们之前已经论述的，数字化生存则在文明的早期就已经开始了，随着对时空认知的不断加深而日益用抽象的数字来形构世界模式。葛兆光在论及先秦时代中国思想体系的建立时说：

> 过去关于宇宙、社会与人（或用古人的术语说是天、地、人）的各种知识，逐渐从零散走向系统，从偏执变为兼容。……时代的需要，使思想逐渐趋向于建立统一的知识体系和解释体系，一个从终极意义到实用技巧、从知识技术到法律制度可以涵盖一切的意识形态。从各种资料可以看出，自然、社会、人已经被包容在一个由"一"（道、太极、太一）、"二"（阴阳、两仪）、"三"（三才）、"四"（四象）、"五"（五行）、"八"（八卦）、"十二"（十二月）乃至"二十四"（节气）等构成的数字化的网络中。①

从中可以看出，古代的数字化空间，是通过数字对宇宙、社会和人自身的编码。但是，这种数字编码的空间是一种恒定的世界体系，是对世界运动变化、交互的数字表述，它通过数字的神秘和高度抽象的特征，而比拟宇宙

---

① 葛兆光：《中国思想史》，复旦大学出版社，2005，第212页。

空间及存在于其中的诸事物的互动关系。人在这个空间的模式和结构中有着举足轻重的地位，人完全不是外在于空间的，而是在空间之内，甚至就是空间的一个组成部分，缺乏了人的定位和节点，宇宙空间也就不能有效地联结，空间也就丧失了存在的理由。因而，古代的数字空间思想及其实践，有个重要的特性是，人是"融入"空间里的，并且就是作为空间的一部分而彰显自我，反过来说，古代数字空间是"天—地—人"彼此凝视和互构而形成的存在模式。从人的自我意识之凸显、知识主体性和生存价值性的确立的角度审视之，古代的数字化空间模式是向着人而敞开的，并与现实世界的运动和人的行动直接地嵌构在一起的。

　　由此反观互联网空间，它的数字化的空间构建，是外在于人的，这当然是就它的作为技术空间形态与人的关系，而不是从纯粹数字技术的角度而言的，因为数字的生成是需要专业技术人员进行编程的，且需要在计算机的封闭的处理器中进行，一旦数字化自动运行之后，它就造就了自身的独有的空间结构，而不与人直接发生关系。在此基础上形成的"互联网+"，如我们之前举例的某宝网购物，其背后的数字化空间是自动且与人分离的。古代的数字空间形成之后，也同样是自动运转，伴随着自然的节律，但这个过程人始终参与其中，并成为空间的不可或缺的质料和形式。譬如，五行、二十四节气等数字时空都与人有着相交叉的一个节点，作为数字化的时空结构，它不仅有自身的感性的静态和动态表征，也与人本身密切关联。中医关于人体的理论，也被纳入数字时空的整个脉络结构之中。正如阿尔伯特·伯格曼所言：

　　　　在古代环境里，尽管接受者需要具备从符号中获取信息的能力，但是符号所标示的信息不是人为地筛选出来的，而是由标示物呈现出来的。……就整体而言，原始的自然信息环境保持着连贯性、有序性和生动性，而这些在我们当代的信息环境中是难以体验到的。①

────────

① Albert Borgmann, *Holding onto Reality*: *The Nature of Information at the Turn of the millennium*, University of Chicago Press, 1999, pp. 17, 25.

通过数字来描述世界与时空，并由之而生成人存在于其中的世界。古代数字空间与当前的互联网空间有一个最为显著的不同，即古代的数字空间其背后涉及的是宏观世界的事物及其关系，是宏观空间的运行法则，而当前的互联网空间，包括"互联网+"形塑的事物和人们之间的空间交互关系，是在微观世界的运行法则中产生的。古代哲学已经触及这个问题，宏观世界是由微观世界构筑而成，但从今天的互联网空间生成及本质来看，二者有着密切的联系，但也有着一定的区别。这构成了互联网空间本质上与以往的不同，从空间思想的角度看，二者又具有内在的一致性。这就表现在数字化空间与古代原子哲学家所认为的那样，自然和空间实质上是有无限的点所集合而成，它是离散事物进行聚集的组合体。而计算机和互联网空间则是对自然和事物进行二进制编码的产物。

三 "互联网+"空间的本质是"二进制数字化编码"的生存实践

互联网时代耳熟能详的一个词就是"数字化生存"，的确如此，没有网络，我们日常生活似乎步履维艰。互联网空间是一种元空间，其本质是当代技术所建构的一个离散化的数字符号空间，但这仅是指一种纯粹技术意义上的逻辑和数学本质，是互联网空间作为"可用"以及"上手"的工具性之所在。而从另外一个角度来看，互联网空间已经超越了计算机作为一个"技术装置"（阿尔伯特·伯格曼）的构造与模拟，在更深广的人的存在意义上展现它的"座架"的另一面，即表现为生存实践中的解蔽与遮蔽。

1. 二进制编码的形而上学

从某种本原性的意义上来看，人类似乎难以逃脱二元存在的命运。我国古代哲学中有"阴阳"；自然界有"白天和黑夜"，对地球最为重要的两个天体且直接可以观察的是"太阳和月亮"；在哲学中有"光明与黑暗""身体与心灵""善与恶""物质与意识""理性与非理性"；社会中有"男人和女人""自我和他者"；等等，不一而足。人们总是尝试超越这种二元的分裂和对峙，但它似乎是个幽灵，在我们将要驱逐它之时，又转而从另一个缝隙返回。

我们前面已经论述，计算机的运算逻辑是建立在电子元器件的"开"

和"关"的运行法则之上，通过二进制数字"1"和"0"作为运算符号来进行电路控制，并生成离散化的数字信号，以此来重构自然连续散发出的各种信息。"开"和"关"的直观感受对于人类生活而言，自古具有，但是电子化时代的"开"和"关"的运行过程却是隐藏在可见事物的背后，人们不能够觉察到电子自身的运动。二进制数字的符号表征在自动控制的模块化程序中，重塑了一个未曾见到过的新情境，较之自然的信息，人更具有掌控、塑造和改变的能力，就如孙悟空念声咒语吹口气，把一根身上的毫毛变为"自己"，但又与本体自身不完全相同，它是一个真实的幻象，也可谓是计算机时代的"虚拟现实"。

这对于我们来说，引起了新的惊奇，二元的原则作为生成的底层法则，再现了世界的本质，这隐藏的数字本质成为我们当下赖以生存的本原，因而与以往哲学中的世界本原和理性的至高性不同，数字能够即时地变幻各种魔法，我们视它为一种新时代的自然之奇迹，一种新的数字形而上学，即人有了一种空间构建的能力，与康德的空间不同，它是一种非感性的直观，不需要生成概念，计算机通过它就能够真实地重构自我与世界的"显象"——一个经验性直观的未被规定的对象①，我们再次面对一个令人惊愕的真实又虚拟的世界，并且创造出更为广阔的世界，如曼德勃罗集。在计算机和互联网空间中，仿佛我们已经成为自然的创造者，我们能够在这个二元化的世界里随意操控它而确定自身的定位，形成新的空间结构和生存的模式。让·波德里亚说：

> 人类建构的各种巨大仿象从自然法则的世界，走到力量和张力的世界，今天又走向结构和二项对立的世界。存在和表象的形而上学之后，然后是能量和确定性的形而上学之后，然后是是非决定论和代码的形而上学。自动控制、模式生成、差异调制、反馈、问/答，等等，这就是新的操作形态（工业仿象只是运作）。数字性是这一新形态的形而上学

① 〔德〕伊曼努尔·康德：《纯粹理性批判》，李秋零译，中国人民大学出版社，2009，第56页。

原则（莱布尼茨的上帝），脱氧核糖核酸则是它的先知。事实上，"仿象的起源"今天正是在遗传密码中找到了自己的完美形式。人们在参照和目的越来越彻底灭绝的边缘，在相似性和指称丧失的边缘，发现了数字和程序的符号，其"价值"纯粹是战术性的，处在其他信号（信息粒子/测试）的交叉点上，其结构是操纵和控制的微分子代码结构。

……

符号的全部光环，甚至意指本身，都由于确定性而消解了：一切都消解在记录和解码中。这就是第三级仿象，即我们的仿象；这就是"只有0和1的二进制系统那神秘的优美"，所有生物都来源于此；这就是符号的地位，这种地位也是意指的终结；这就是脱氧核糖核酸或操作仿真。①

通过二进制的数字化仿真，我们似乎从"无"中重新生成了自我，正如莱布尼茨的"上帝的创造"，也是中国哲学中"道"的数字化的实在衍生。二进制数字化对于我们来说就是一种奠基自身的形而上学。海德格尔对此也说过：

我们对无的追问是要把形而上学本身展示在我们面前。"形而上学"这个名词源自希腊文的μετàτàφνσικά。这个奇特的名称后来被解说成一种追问的标志，即一种μετà—trans—"超出"存在者之为存在者的追问的标志。

形而上学就是一种超出存在者之外的追问，以求回过头来获得对存在者之为存在者以及存在者整体的理解。②

对于我们普通用户——数字化的一般存在者，二进制空间的编码形而上学，超出了我们的追问和实境，但我们仍然利用了它的作为技术的本质，回

---

① 〔法〕让·波德里亚：《象征交换与死亡》，车槿山译，译林出版社，2016，第73~74页。
② 〔德〕海德格尔：《形而上学是什么?》，见海德格尔《路标》，孙周兴译，商务印书馆，2001，第137页。

过头来反观我们所生存的世界的本真面目，以及对存在者自身的理解。

互联网空间编码的形而上学，虽然隐匿在自然和实在场景的背后，也就是计算机的"技术装置"之中，其所生成的景象，也是虚拟的现实，但我们都知道，就信息本身来说，也让世界处于一种透明性的状态，它可以建模不可见的原子物质的内部结构，虽然身体仍然不能在场，但它使得我们超越自身的感官局限而浸入世界深处。由计算机二进制编码所形成的事物即空间结构，也与自然信息或传统的纸张、磁带等介质不同，它克服了信息的衰变，而能够长期地储存，将事物和结构近乎永久地保存。互联网的数字化空间已经将柏拉图的回忆和记忆搁置一边，乃至我们就认为数字就是世界本身，而忘却了它只是一种形而上学。阿尔伯特·伯格曼说道：

> 当听到相关的计算机模型或数字化版本，我们往往认为这些技术信息多少揭示和表现现实部分的结构本质。但是康塔塔的数字化版本或演奏是模仿外表，而不是揭示康塔塔的结构。①

在让·波德里亚看来，这种"代码的形而上学"是基于符号交换的真实世界的仿象或拟像，"它将永远不能与真实之物交换，只能自我交换，在一个不间断的没有任何指涉或周边的回路里进行自我交换"。② 从二进制信号或信息生成的基础来看，它是一种无反映对象的符号，没有所指和能指符号之间的交换，迈克尔·海姆也说，"莱布尼茨的符号抹去了能指和所指之间的距离，抹去了寻求表达的思想与表达之间的距离"③，它不是真实，而是超真实。关于这一点，马克·波斯特解释说："超真实，无论从语言学上还是从电子媒介本身的独立结构上讲，它都捕获了电子媒介的特征。到现在

① Albert Borgmann, *Holding onto Reality: The Nature of Information at the Turn of the millennium*, University of Chicago Press, 1999, p. 197.
② 汪安民等主编《后现代性哲学话语》，浙江人民出版社，2000，第333页。
③ 迈克尔·海姆：《从界面到网络空间——虚拟实在的形而上学》，金吾伦、刘钢译，上海科技教育出版社，2002，第96页。

还没有哪一个社会理论家像鲍德里亚（波德里亚）这样清晰的表达，尽管他们通过后现代的社会身体的毛细血管遭遇过这种媒介。"①

超真实，正是虚拟现实，在其形而上学的意义上，它并不是真实和现实的构成或决定性因素，而是重塑了一个现实，超真实和现实经过人的"间融"，而构成了新时代数字化空间的形而上学。这在某种程度上就超越了二元项的对立，因为我们经过数字化的形构，似乎达到了本原的境地，不仅如此，还创造了独立的新的数字本原、中心和逻各斯，因而，互联网空间作为编码的形而上学，它既建构超真实，也建构着真实的现实，这是人在生存领域的对其作为存在者的解蔽与实践。

2. "互联网+"空间的生存解蔽与遮蔽

从科学来看，互联网是一种通信技术，它所建构的空间是为了人的生存，这是毋庸置疑的。雅思贝尔斯认为，技术有两个方面的要素，一是技术是合目的性的工具，二是工具是人的行为。但海德格尔认为，这并没有抓住技术的本质，关于这种本质，实际上我们上文已经论述了编码的形而上学，但在生存论的视阈中，还需要展开它在人、人的真实世界、超真实（虚拟现实）世界中的关系，从而展现出互联网空间作为生存境遇的规定性。海德格尔对此说，我们必须问：工具性的东西本身是什么？诸如手段和目的之类的东西有何所属？②

通过技术工具，存在者以此能够建构空间和世界，技术工具在"上手"的使用中，与事物产生切近，在世界中发生定向，并达到空间中的"去远"。在计算机和互联网空间的关系及连接中，这一点是很明确的。海德格尔说："用具的定出方向的近处意味着用具不仅仅在空间中随便哪里现成地有个地点［stelle］，它作为用具本质上是配置的、安置的、建立起来的、调

---

① Mark Poster, *What's the Matter with the Internet*, The University of Minnesota Press, 2001, p. 133.

② 〔德〕马丁·海德格尔：《演讲与论文集》，孙周兴译，生活·读书·新知三联书店，2005，第 5 页。

整好的。"① 通过互联网空间，存在者塑造了一个"超真实"或"虚拟现实"的世界，但这个世界经由计算机的"上手"而与我们如此切近，我们通过它能够把握生存论的本质。"此在日常生活中的寻视去远活动揭示着'真实世界'的自在存在，而这个'真实世界'就是此在作为生存者的此在向来就已经依之存在的存在者"②。

从存在论角度看，人作为一个存在者，能够对自己发问，同时也能够对其他存在者发问，并追寻存在的根据。人使用工具并不是独有的特征，比如有的大猩猩也能使用工具来完成某种"目的"。但人所使用的工具是技术的构成，是具有高度复杂性的——这种复杂性也可说是组合性，就其本质性而言，类似于二进制代码，不过在文明的早期，这种工具和技术也许缺乏抽象和符号的特征，而只是纯粹物质性的实践，但它同样表征着人作为"此在"的"在世界之中"，它必须不断切近于存在物的本质，同时也是"此在具有在世界之中的本质性建构"③，而不仅仅是自然主义的"为了……"。这即是海德格尔所说的"技术乃是一种解蔽方式。若我们注意到这一点，就会有一个完全不同的、适合于技术之本质的领域向我们开启出来。这就是解蔽之领域，即真理之领域"。互联网技术及其塑造的存在者，不断建构着我们生存世界的解蔽之领域。计算机和互联网技术充分体现了这样的生存方式，在切近自然的本质和自我本质性建构的进程中，计算机和互联网技术是生存的一个双向交换的环节，显露着世界本身的存在的整体性和对人的敞开性，对存在者来说，它是与人相关又独立的真理和本质，以及存在何以如此的解蔽领域。

海德格尔的技术思想中透露出一丝复古主义的倾向。他把古代的技术和工具的制作视为一种技艺，而这是连接技术和艺术的中间环节，具有艺术性的特点，而当代技术对人（存在者）则是一种独霸态势。因而，二者在本质

---

① 〔德〕马丁·海德格尔：《存在与时间》，陈嘉映、王庆节译，生活·读书·新知三联书店，2011，第 119 页。

② 〔德〕马丁·海德格尔：《存在与时间》，陈嘉映、王庆节译，生活·读书·新知三联书店，2011，第 124 页。

③ 〔德〕马丁·海德格尔：《存在与时间》，陈嘉映、王庆节译，生活·读书·新知三联书店，2011，第 64 页。

上是具有一致性的，即都是一种关于人和世界关系的"座架"，也就是一种集中的放置，一种生存的定位。通过这种方式，技术和工具的"上手"把存在者的某种状态显露出来，即是前述的解蔽。但现代技术则是一种对自然和世界的促逼，即通过拷问、占有、发掘、霸凌等方式来榨取自然的物质和能量，并将之贮藏、改变和分配，根据它们能提供出工人消费的能量，物就被归属于价值。在这个过程中，存在者不是作为"主体"，而是与其他存在者一样被某种形而上学的本质性力量所"订造"的。这实际上是说人已经被技术工具所"异化"了，或者说，存在者的本质又重新被当代技术的促逼所"遮蔽"。

互联网技术也有着促逼的态势：信息爆炸的失序、价值的盲目巡视、谣言的无孔不入以及个体自由与网络集团的尖锐冲突等。但海德格尔的"遮蔽"，或者说技术"异化"，侧重于工业化的技术，他认为技术是我们的天命，但从存在论视角来看，这并非人的终极命运。实际上，互联网空间在很大程度上已经对这种技术促逼进行了改观，我们应肯定这解蔽的本质性建构和生存实践，因为它不断切近人的本质力量。因而，哲学在这方面应与互联网技术"去远"，而不应"疏远"，就信息技术方面来说，它从原始的口语工具时代，到文字工具时代，再到电子数字时代，反映了此在不断对存在者的本质性建构。马克思关于从人的本质的角度看待自然科学与技术是极为深刻的：

> 然而，自然科学却通过工业日益在实践上进入人的生活，改造人的生活，并为人的解放作准备，尽管它不得不直接地使非人化充分发展。工业是自然界对人，因而也是自然科学对人的现实的历史关系。因此，如果把工业看成人的本质力量的公开的展示，那么自然界的人的本质，或者人的自然的本质，也就可以理解了；因此，自然科学将失去它的抽象物质的方向或者不如说是唯心主义的方向，并且将成为人的科学的基础，正像它现在已经——尽管以异化的形式——成了真正的生活的基础一样；说生活还有别的什么基础，科学还有别的什么基础——这根本就是谎言。①

---

① 《马克思恩格斯全集》（第3卷），人民出版社，2002，第307页。

这对于我们全面理解计算机和互联网技术，以及由之而生成的存在方式，具有根本性的指导意义。互联网已经不仅仅是"座架"式的工业技术，虽然它还保留有工业时代显著的"非人化"特征，比如互联网减弱了人的精神和心灵对现实性场景的感受性，它在物理时空"去远"（即时通信）的同时也造成"上手"（定位和场所）的隔膜，它让世界浮泛着碎片化的意见而真理往往被遮蔽等。但是，互联网技术及其非人化，并不必然是我们的天命。作为一种信息方式和技术，互联网以更为深刻的方式改变着存在者，也创造着存在者，它不断深入发掘世界的本质，让世界、物质和事物的呈现方式日益"解蔽"，也通过它的空间结构的可塑性而在进行着自我矫正，并调控着工业技术的"促逼"方式。从某种程度上来说，互联网技术作为一种解蔽领域，也在于它把信息作为一种存在者本体和此在本身。此时互联网技术并非目的的单纯手段，而是世界构造，就原子而言，它是虚拟的，但就比特而言，它仍然是现实的。

3. 比特（信息）的本体论地位

香农最早提出了"信息论"，在计算机领域发明了用"比特"来指代二进制数位（binary digit），在互联网时空中，比特指二进制编码的位数有多少，它是计算机和互联网的信息单位。信息论最早是在计算机工程和通信领域的数学研究，后被各学科的研究者所采用。香农把信息的研究局限于数学和通信领域，并对信息论研究的"时尚"行为进行提醒：

> 许多不同领域的科学家同仁，为其浩大声势及其开辟的科学分析新思路所吸引，正纷纷将这些思想应用到自己研究的问题上去……尽管对我们这些从事这个领域研究的人来说，这一波流行热潮固然让人欣喜和兴奋，但同时它也带有危险的因素。①

但控制论的创始人诺伯特·维纳却超越了单纯的技术和数学领域，给了

---

① 〔美〕詹姆斯·格雷克：《信息简史》，高博译，人民邮电出版社，2017，第 256 页。

信息一个定义:"信息就是当我们适应世界并将我们的适应作用于世界时,与外部世界交换的内容的一个名称。"并提出了"信息既不是物质,也不是能量,信息就是信息,不懂得它,就不懂得唯物主义"这样一个命题。但是,根据现代物理学的观点,物质和能量实质上是一个东西,只不过它们存在的样态并不一致,从这个意义上来说,诺伯特·维纳的意思也许是从唯物主义的角度看,物质、能量和信息都属于客观实在的范畴,它们是三位一体的关系,虽然并不表现为同一样态,实质上却是统一的。

从空间认知的科学发展进程来看,阿尔伯特·伯格曼曾说过"如果说几何学揭示了世界的形式,那么物理学就揭露了世界内容的结构"。[①] 这个世界都是指客观的物质世界,形式和结构表明了一种空间关系。在这种关系中,哲学家们都在探索形式和结构,以及其中内容物的本原。在计算机和互联网空间中,这是一个新型的世界——如果我们把它看作独立的存在形态的话。实际上,无论从技术还是客观实在的角度看,互联网空间的内容及其表现都是比特的产物。"万物源于比特",这句话应当是针对互联网空间的形式、内容和结构而言的。从这个角度看,比特(信息)在计算机和互联网建构的世界中有着本体论的地位。关于互联网世界的比特之本体性,Wheeler 曾如此说:

> "万物源于比特。"或者一切事物都表达信息,每一个"事物"——每一个粒子,每一个力场,甚至是时空连续体本身,即使是在某些间接的背景中——都会从某个装置对"是或否"问题——即二元选择,比特——的回答中产生出它的作用、意义和它的完全的存在。[②]

在物理世界中,信息及其来源、本质、结构和计算等是一个非常复杂的

---

① Albert Borgmann, *Holding onto Reality: The Nature of Information at the Turn of the millennium*, University of Chicago Press, 1999, p.72.

② 见〔意〕卢西亚诺·弗洛里迪主编《计算机与信息哲学导论》,刘钢译,商务印书馆,2010,第 133 页。

问题。对于计算机和互联网世界而言，信息却表现为一个二元项中的统一体，即由"1"和"0"比特所生成并通过某种介质而传递，这也可以说，经由信息的合成，而再度构成了一个统一"信息"客观世界。但 Wheeler 由上述互联网空间的比特构成的信息而延伸到人所生存的宏观物理世界，则就不太合适了。他说：

> "一切来自信息"表征了这样的思想，即物理世界中的每个事物实际上——在多数情况下是根本上——都具有某种非物质的起源和解释；我们所说的事实来自于对"是—否"问题的形成及对装置引发的反映的提示的最终分析；简言之，所有的物理事物在起源上都是基于信息理论的，这是一个参与的世界。①

对于互联网空间而言的"万物源于比特"，这应当是数字化生存的真实，但由此引出物理世界的"一切来自信息"就具有超真实的特征了。从某种意义上说，计算机和互联网时空中的信息发生，并不存在于"技术装置"之外的现实的物理世界，因而与物理时空中的事物并不必然发生实在性的因果关联，从而，也就不能将比特完全比附于现实物理世界。实际上，计算机和互联网开辟了一个独立的数字化的空间，比特在其中居于支配地位。但这个空间并非封闭的，不然比特也就没有任何价值和意义了。因而，计算机和互联网空间也必须与物理空间、社会空间发生关系，这样它作为一种信息技术才能与人切近，介入人的生存实践，从而不断开创为存在者解蔽的新境遇。

四 "互联网+"空间的内涵是它建构了一种复合型空间

计算机与互联网空间的本质是一种数字化的独特世界存在形式，其属性构成是二进制的编码所形成的结构性的信息，以及在此基础上所构建的

---

① 见〔意〕卢西亚诺·弗洛里迪主编《计算机与信息哲学导论》，刘钢译，商务印书馆，2010，第 133 页。

"互联网+"生存实践活动。可以想见，这是技术力量的体现，也是人本质力量的创造性生成。因而，"互联网+"空间所蕴藏的内在要义，是它不断生产和再生产着人类生存实践活动的复合型空间。关于这种复合型空间的表现，有两个方面的空间关系模式。

第一，计算机二元空间关系模式的统一。计算机和互联网空间通过二进制数字化生成机制，建构了一种符号逻辑与自然之象的复合型空间关系。在"是"与"否"、"真"与"假"的事物和信息关系交互之中，表达着不同空间关系的本质相通性，以及在"1"和"0"的逻辑运算与信息转换中形构了虚拟实在的对于人而言的统一性。阿尔伯特·伯格曼说："信息技术是'装置范式'当前最突出的最有影响力的视角。"① 计算机的二元复合型空间侧重于计算机作为"技术装置"的内在空间生成机制，在这个空间的统一性中，对人来说是抽象的客体，但对计算机的独立性数字空间形态来说，它又是具体的，它有着自身的逻辑关系。因而，与以往人们经验的物理空间有所不同，在"技术装置"空间领域，二进制字符的跳动，消弭了现实世界的自然信息与事物本体的间隔性，赋予了信息在计算机空间中比特意义上的真实性和完整性。

我们前面已经说过，二元化的思想在世界各地文化和哲学体系中都有体现。这是由于自然界基本现象使然，它是文化生成二元论的"意象"和"原型"。现代以前的二元论表述，也是一种符号化的，如阴阳二分，笛卡儿的身体与心灵等，对世界存在的现象进行了抽象，并构建了一种关系论的空间模式。但这里有两个方面的关键问题没有突破：一是这种二元论是对自然现象（自然信息）的陈述，意即我们通过感官对外界直观反映的概念化；二是这种二元论的符号和概念，缺乏一种对事物发生、相互关系和运动本质性的洞察，从而也就不能够臻于"解蔽"的本真领域。

例如，当我们说出"我思故我在"时，姑且不论这是唯物主义还是唯

---

① Albert Borgmann, "Reply To My Critics", *Technology and The Good Life*, （eds.） Eric Higgs, Andrew Light and David Strong, Chicago: University of Chicago Press, 2000, p. 352.

心主义，单从这句话是对思想和身体之关系的陈述来看，它并没有解决"思"（精神、思维）究竟是如何导致"我"（身体、世界）存在的。二者的运动和交互关系是不明晰的，这只是一种论断。《周易·系辞下》对此说得很清楚："古者包牺氏之王天下也，仰则观象于天，俯则观法于地，观鸟兽之文与地之宜，近取诸身，远取诸物，于是始作八卦，以通神明之德，以类万物之情。"此处很明确地说，八卦是关于自然之"象、法"的一个符号化的象征体系，但仅有静态的符号是没有意义的，必须推演世界的运动形式与状态。《周易·系辞下》曰："八卦成列，象在其中矣；因而重之，爻在其中矣；刚柔相推，变在其中矣；系焉而命之，动在其中矣。"事物之间的关系和运动在八卦的推演中得以呈现，但这种转化和交互关系的概念和表述只是一种事物属性的判断，如热冷、刚柔等，从本质上来说仍然是对于事物之间呈现出的"象"的一种综合。象数派的关于吉凶祸福的推定，风水学关于运势的影响，盖是在这个层面。

对于世界及事物关系本质深入洞察，当然需要通过科学的日益发展。但世界本身的存在、生成、运动及各种事物之间的关系，需要有效的逻辑运作，否则不能形成真正的实践，改变或者创造一个新的世界。计算机和互联网是建立在现实性物理世界的基本现象之上的，即关于电子运动和交互的"开"和"关"状态，空间的两种连接和分隔机制。这两种机制通过技术工具的手段，获取空间中的信息表达特征，并以数字化的逻辑值运算和转换重新表征出物理世界的本体图景。从某种程度上来说，现实的物理世界仍然是计算机数字化比特生成的蓝本和原型，一旦符号有着独立于事物本体的逻辑现实性，计算机对事物的建构和空间的关系模式形构也就具有内在的统一性。

第二，"三元空间"的复合型构建。在计算机二元统一和数字化整合的基础上，"互联网+"将物理世界、人的感官世界结合起来，在人之生存论的意义上建构了"三元间融"。所谓三元复合型空间模式，即数字化（虚拟）空间、社会（物理）空间、精神（思维感知）空间。波普尔曾提出过"世界1、世界2、世界3"三个世界的理论，"世界1"是客观存在的物理世界，包括物理的对象和状态；"世界2"是人类的精神世界，包括主观体验、精神状态、意志力和意识等;"世界 3"是指人类精神和思维活动的产物,即思想内容的世界,或可能的思想客体的世界,它包括客观的知识和客观的艺术作品,构成这个世界的有科学问题、科学理论、理论的逻辑关系、自在的论据、批判性讨论、故事、解释性神话、工具等。

我们所谓的三元复合型空间与波普尔的三个世界的理论有类似之处,如计算机的数字化空间就类似于"世界 3",但有所不同,比如计算机作为工具和艺术作品,如一件雕塑、一幅绘画等,就不是一个世界的东西,它们之间并不能在逻辑上属于一个集合。计算机所塑造的世界与"世界 3"的不同之处在于,"世界 3"虽然具有客观实在性和自主性,但并不能自我构建成一个虚拟真实的世界,它只能按照马克思所说的,意识的产物通过人的主观的能动性反作用于现实,并形成客观存在,如雕塑。对计算机来说,它作为工具,同时也作为一个独立的数字化运行的世界,影响人的感官的实在性。计算机空间有自主性和客观实在性,同时也有着逻辑的自洽性和某种程度的能动性,如人工智能。

因而,计算机所生成的数字化空间在某种程度上是独立于人之外的,互联网空间的交互是通过信息的数字化编码和解码而进行的一种非面对面的空间联结,是一种技术设备支持下的文本交流(computer-medias communication)。换言之,"互联网+"的空间交互不是一种物理实体意义上的现实性,对人而言则是一种身体的或"缺场"情境下的空间再现。比如某宝网就是一个虚拟现实的商城,这种"技术装置"内部的空间场所,人的身体是不能够进入的,但它却能够通过"互联网+"现实性地与人进行交互。这种情况在以前人们是没有遇到过的,比如桃花源只存在于人们的想象之中,天堂和地狱也是人们想象出来的,我们不曾目睹天使和恶魔,这是纯粹的大脑的虚拟,不能够呈现于视觉、触觉等感官之前。计算机这个具有独立性、完整性,且可以表征为现实性的空间,与人所生存的物理社会空间、人自身的内空间也必然发生联系,三者"数字化(虚拟)空间、社会(物理)空间、精神(思维感知)空间",共同构成了我们在信息化和数字化时代的复合型空间结构和数字化的生存方式。

在三元复合型空间中，就三者的空间结构性关系来说，人的感官仍然处于一个核心的地位，实际上是说人作为空间的中枢，其精神和思维对于"互联网+"空间的断开与联结起着决定性的作用。只有人的感官通过对界面的感知和对技术装置的操控，计算机空间才能与人发生物理和社会空间上的联结，如计算机空间的生成需要程序员进行编码操作，之后计算机空间自动运行，使用者以网页超文本的方式遨游在这个空间之中，同时可以随时退出返归物理和社会空间，在计算机空间的敞开与闭合中，新型的社会关系、人的主体性彰显以及精神世界的境遇，都在发生着与以往截然不同的变化。在"互联网+"复合型空间中，社会空间和精神空间在很大程度上都内嵌于计算机网络空间之中，被数字化为比特，并经由计算机空间而生成新的存在模式。计算机的数字化空间在复合型空间中起着整合与统筹的功能，它形成了一个新的虚拟社会和数字物理世界，人们把自己的感官、精神、思维、心情乃至实践等，都通过界面"间融"于其中。

从这方面来看，列斐伏尔的第三空间有些类似"互联网+"复合型空间，列斐伏尔的三元空间组合是：空间实践（感知的空间）、空间的再现（构想的空间）、再现的空间（实际的空间）。我们所谓的三元复合型空间，与之相比对，数字化空间类似于再现的空间，社会（物理）空间类似于空间实践（感知的空间），精神（思维感知）空间类似于空间的再现。因而，在逻辑次序上，三元复合型空间将"互联网+"数字化空间作为基础的地位，它在不断生产和在生产着比特，也就是数字化空间本身；社会（物理）空间是人们通过技术设备所形成的人机、人际关系；精神（思维感知）空间则是人们在"互联网+"空间中身体不在场状态下的经验、体验和网络行为。三元复合型空间的建构，以及在数字化空间中的新型关系的建立，与"互联网+"独有的特征是密切相关的。

第三节　"互联网+"空间的特征

"互联网+"空间与传统的空间既有联系又有区别，在人们的生活实践中表现出了特有的技术和时代特征，我们之前已有所论述，这是人们在物理世界的数理逻辑运算原则的深刻洞察基础上，采用数字化的符号生成技术，并通过设备表征出来的新世界。在一定程度上说，"互联网+"空间是对以往空间的高度综合，也就是构建了一个复合型空间。但与物理空间、社会空间、心理空间等交互的方式存在着一个重大差异，即数字化空间的"超真实"世界作为它得以发生的内核。因而，"互联网+"空间体现出了诸多自身的特性，主要表现为"间融性"、"界面"特性等。

一 复合型空间的"间融性"

我们之前已经论述过，数字化形式的空间表征，并非计算机和互联网空间所独有。但传统的数字符号空间并不能构成一个完整而独立的空间形态，它是计算机空间的二进制数字化的数理逻辑和信息方式。但也正因为如此，传统的数字符号空间，如《周易》的八卦推演、风水堪舆等，对于人们来说具有直接的现实性，或者说人是融于这个数字符号空间之中的，并且成为物理社会空间结构的一个有机的组成部分。但计算机和互联网空间则不然，对于人而言，它所生成的图像、文本和场所，并没有物理实体的现实性，因而，对于人来说，也就不能在现实性意义上直接融入，换言之，互联网空间的直观的特征是它的间融性，即人们是通过计算机等设备终端"间在"地实现与数字化世界的间接性融入。

"间融性"，顾名思义，是一种间接性的融入，因为二进制数字化空间的建构与生成，并没有把人本身纳入过程之中，人的身体、意识等不能嵌入互联网空间的内在运动进程与体系结构。间融性是指计算机和互联网空间与人的存在的物理社会性和精神性之间互动与张力关系的协调状态，这就是我们前述的复合型空间，之所以称为"复合型"，正在于三者的间接互动性。因为互联网数字化空间具有一定的自主性，而人具有主观的能动性，间融性表明了三个空间领域并非处于一个完全同质化的状态，但三方却不断地进行着同化和互构，在保留各自空间特性的前提下，进行着生存实践的多维度互动与牵引。

　　自从人们自我意识形成，脱胎于蒙昧，进入文明之后，空间及其中的事物进入人们的主观感知，同时，人们也清晰地认知到，人的精神和身体与实存的物质世界及其空间构成有着直接的关系，人就处在一个具体的空间笼罩之中，并且是空间中的事物之一。人们所生存于其中的空间是人在一定的社会条件下实践活动的产物，"是社会组织、社会演化、社会转型、社会经验、社会交往、社会生活的产物，是人类有目的的劳动应用，是一种被人类具体化和工具化了的自然语境，是充满各种场址、场所、场景、处所、所在地等各种地点的空间，是蕴含各种社会关系和具有异质性的空间"。① 然而，互联网所塑造的空间与此有所差异，数字化空间的形构，摒除了人作为事物在其空间中存在和行动的逻辑，消解了人嵌于空间关系的实在性。

　　间融性的一个表现可以说是人之存在场景的去物理化。我们生存生活的场景是一个客观的物质世界，其所表现出来的空间虽然同样具有分隔和连接的特征，但物理和社会空间不是完全封闭的。比如，在建筑空间中，不同的阁楼、厢房或暗室等，具有分隔的特点，但通过"门""桥""孔洞"等，被物理实体分隔的空间仍具有可入性、连续性的可能。在政治空间中，"内阁"表明了信息的封闭性和政治决策地位的层级性，但"内阁"与外界也必须保持人的可入性和连通性，同时并不需要设置其他的特有空间连接方式。L. 弗洛里迪说：

　　　　物理世界充满鞋靴和刀剑、石头和数目、汽车和雨水以及作为社会认同（性别、工作、驾照和婚姻状况）的我，但是这样的物理世界正在经历一场虚拟化和疏远化的过程。在此过程中，即便是最基本的工具、最有戏剧性的经验或最动人的情感——从爱情到战争、从死亡到性——均可以装入虚拟中介的框架，因此也就获得了信息的光环。艺术、商品、娱乐、新闻和他我均被置于一面玻璃镜后面，被人体验。②

---

① 吴宁：《日常生活批判——列斐伏尔哲学思想研究》，人民出版社，2007，第381页。
② 〔意〕卢西亚诺·弗洛里迪主编《计算机与信息哲学导论》，刘钢译，商务印书馆，2010，第29页。

显然，这段话表明，数字化的世界是一个去物理化的世界，实体性的、身体可入性的物理世界在此不复存在，而我们在创造出这个数字化世界之后，只能通过间接的方式来实现这两个世界的互动，或者说相融合。实现互动的间接的方式或者说介质就是 L. 弗洛里迪所言的"玻璃镜"，即我们下文将要论述的"界面"。从这个意义上来说，间融性也表明了数字化空间与物理社会空间中的事物是可以分离的。事物通过自身表征出的信息而被二进制逻辑进行数字化编码，并再次通过技术设备还原事物具体场景。亚里士多德曾论述空间与事物的可分离性。他说：

> 但是要看出空间不能是质料或形式这两者之一，这是不难的。因为事物的形式和质料是不能脱离事物的，而空间是能脱离事物的。如我们已说过的，空间原来也在那里的，接着水也来到那里，水和空气相互替换，别的物体也如此。因此每一事物的空间既不是事物的部分，也不是事物的状况，而是可以和事物分离的。
>
> 空间被认为像容器之类的东西，因为容器是可移动的空间，而不是内容物的部分或状况。①

亚里士多德的"空间与事物是可分离的"思想是很深刻的，蕴含着绝对时空观的萌芽，也是一种空间实体论的观点。这种观点在今天看来有些不正确了，因为物理时空中，物质、空间和时间是一个整体。对数字化空间而言，它本身就不存在物理空间中的事物，因而，间融性所表明的数字化空间与事物的分离，与亚里士多德的含义是不一样的，亚里士多德的"分离"所表明的是事物在物理空间中的运动。而数字化空间的分离，是物理时空事物的经由信息离散化二元组合的数字化。

前述 L. 弗洛里迪说："这样的物理世界正在经历一场虚拟化和疏远化的过程"，从间融性的角度来看，数字化空间的本质是虚拟化，这种虚拟化

---

① 〔古希腊〕亚里士多德：《物理学》，张竹明译，商务印书馆，2016，第96页。

将数字化空间与物理事物相分离——这当然包括人的身体、意志等，因人也无法接入数字化空间及其事物生成的过程，造成了某种程度的间隔与不可入。但由此并不能导致物理世界的疏远化，这个说法并不准确。因为物理空间具有刚性的特征，譬如鲁迅先生说："在我的后园，可以看见墙外有两株树，一株是枣树，还有一株也是枣树"，姑且不讨论其文学意义，这表明两株树在物理空间上的距离——视觉体验中——是不可分离的。对此，计算机空间的数字虚拟化也不能抹除物理时空中的刚性存在。

实际上，对于人的精神世界的体验来说，数字化空间消除了物理时空的远距化，比如我们不用去卢浮宫，通过"互联网+"就可以欣赏数字化生成的卢浮宫图景；洛阳龙门石窟为保护文物，有的石窟不能参观，有的石窟经历史风霜有些不完整，景区和腾讯合作建构景观网络平台，开发出"360°全景洞窟"功能。游客通过扫二维码，手机摇一摇，就可以在虚拟空间中看到全部石窟内景，且能看到某个残损雕塑的原始形态与色彩，从而弥补了"观而不全"的遗憾，这的确消除了时空的距离。

但在物理社会空间的意义上，意指人们生活的客观世界所建构的社会关系而言，人与人之间确实存在着一定程度的疏远。如我们虽然每天可以和想念的人视频聊天，但这与真实的温存有着根本的差别。他/她只能停留在屏幕的另一端，而且我们心里都清楚相隔甚远，这种情景，也许能让我们即时沟通，但以弱化情感为代价，让人误以为这就是真实的自我与他者交流。在这方面，古代虽然一封书信需要几个月，但它承载了更为深厚的情感，因而间隔也意味着更为深度的交融。在"互联网+"时代，情感也许已经被数字所放逐，我们有时候刻意忘记时空距离和体验，而只能通过"界面"进行数字化的融合。这对人的精神空间和社会关系究竟带来什么样的变迁，需要我们去进一步感受。

二 "界面"特性——两个世界的关于"事"的凝视

我们前面提到亚里士多德关于空间与事物的关系，但对于空间本身而言，"事"与"物"也是不完全一致的。从直观上来说，物理空间和数字化空间有着一个共同点，即它们作为空间本身并没有具体的感性存在形态。对物理空间的体验、认知和研究是通过感性"事物"——物体的运动、表象、秩序等来切入的，但物理空间并不是物自身、物的本体、形式或属性等，它与"物"是完全不同的存在者。对于数字化空间或互联网空间也一样，我们是通过电子、比特，二进制"1"或"0"等对它加以认知与形构，当我们撇开哲学具体的"物"，关于物的"事"的方面就呈现出来。

在中国的传统哲学中，"事与物是两个词，物用来指实在的东西，事则是物在时空的运动中形成的一个整体"①，我们可以说是事物运动所形成的某种关系和结构。经由对存在物的感性把握而进入空间自身的本质，则是偏重于"事"的方面，即空间作为"物"的存在之所在而昭示的其自身的性质及意义。可以认为，哲学的空间问题域，并非将空间作为一个感性存在物，而是将空间视为一个"事件"，即存在物所存在的境遇，其所有已发生的行动、产生的状态和造成的结果。纵观空间哲学史，无论是空间的客观论还是主观论，空间都是在"事"的方面被阐明，而不是以纯粹"物"的方式来呈现。在这一点上，西方空间哲学与中国文化有着一致性，即"物与事与宇宙（即一物与万物、一事与万事）的关联方式"。

如前所述，"互联网+"空间的间融性表明，当前人类所生存的空间是对传统空间的颠覆性变革，从其构成性而言，数字化空间纯粹是人的建构，但不具有原子空间的可入性和切近性，必须通过计算机等信息"界面"才能与人自身——包括人的身体、情感和意志等发生关联。因而，"网络空间暗示着一种由计算机生成的维度……"，界面作为"通往网络空间的窗口或门口"②，也是我们时代哲学空间概念变迁的路标。

如果我们把"互联网+"空间视为一个具有独立性的世界，它拥有自己的存在物，即它自身也包含着"事物"——计算机和网络的硬件和软件，

---

① 张法：《哲学基本概念"事物"在中文里应为何义》，《社会科学》2013 年第 3 期，第 107 页。

② 〔美〕迈克尔·海姆：《从界面到网络空间——虚拟实在的形而上学》，金吾伦、刘钢译，上海科技教育出版社，2000，第 79 页。

因而数字化空间就有了作为"事"（关系场景）和"物"（客观实在）的两个方面。从"物"的方面看，正如空间与物的广延、位置、运动等密切相关一样，互联网空间在很大程度上仍然是通过"物"而被建构和认知的，直观而言，它是指由信息处理器和传输线路、人机交换接口、图形用户界面（GUI）、实时传感器和并行的独立功能计算机等集成的交互式人工系统。可见，如果单纯从"物"的角度比较，互联网空间与物理空间并无本质区别，前者是"量子"，后者是"原子"。但实际上，我们通常所说的计算机和互联网空间并不是量子和原子的堆积。

从"事"的方面看，互联网空间是以"物"为载体所形构的拟像的界面显现，它表征为被建构信息（比特）的图像化和对象化，并通过界面（I/O）与人发生关联。由此，界面是计算机和互联网空间的直接形式，没有界面我们也可以说没有互联网空间。界面的意指范围是极为广泛的，它构成了我们当前生存的基本空间样态，如计算机显示屏、手机和电视机屏幕、医学成像、汽车飞机的控制面板、远程会议会话终端视频显示器等。

迈克尔·海姆认为："界面是两种或多种信息源面对面的交互之处。"①计算机和互联网空间界面意味着彼此的交互和永无止境的关系叠加，就如两面相对的镜子那样，相互"凝视"。但这样又陷入了一种新的无限，计算机和互联网空间将人重新抛入新的无限世界图景之中，只不过这次是人自我创造的无限。由此，我们可以看出计算机和互联网空间"界面"的几个方面的特点。

首先，计算机和互联网空间的拟构性。通过界面，计算机和互联网空间是一个二维平面的拟构，具有虚拟性、信息化和创生性的特征。计算机和互联网空间的"物"并非实体，而是人通过界面的创造成为一种虚拟对象化的信息交互显象。因而，对于人所生存的物理社会空间和精神空间而言，通

---

① 〔美〕迈克尔·海姆：《从界面到网络空间——虚拟实在的形而上学》，金吾伦、刘钢译，上海科技教育出版社，2000，第78页。

过计算机技术拟构信息并将之对象化的界面，在某种程度上可以称为计算机和互联网空间。

其次，计算机和互联网空间的不可入性。这是指一般所言的"身体不在场"，或谓之身体的疏离。这是由于量子（数字化）所产生的信息（比特）与原子构成的广延之间的差异，计算机和互联网空间中并没有作为实体意义上的人的位置和容纳物体的绝对空间。舍去界面，计算机和互联网空间与我们是隔离的存在。对于我们日常的行动和境遇而言，计算机和互联网空间是一个存在于显示屏界面——诸如计算机液晶屏、网络电视屏幕、HDMI 高清接口等——背后的不可进入的世界，也无法与之切近，这与自然物理空间的构成性显然是不一样的。

最后，计算机和互联网空间的包围性。这种包围性实际上就是界面的本质之所在，包围所彰显的正是"事物"在"事"方面的境遇、价值、目的和意义。网络界面既包围人，也包围比特，通过界面，两个世界的（信息）运动才得以发生，并构成有序的、连续而整合的复合型存在方式。

亚里士多德的"界面"与今天的计算机和互联网空间有着相似性，它们都表现为一个非维度和非体积的界面，只有通过空间"事"的方面的关联，才能消除身体和心灵与计算机和互联网空间的疏远。计算机和互联网空间界面作为一个包围者，与亚里士多德不同之处在于，网络界面既包围物理空间中的人、事物和原子，也包围计算机和互联网空间中的拟像、比特和量子。通过界面，世界获得了新技术背景下的统一图像。这种统一并非简单的信息传递速度、处理器的计算能力、人工智能等，而是一种人能够掌控他所创造的存在。

也就是说，正是从"事"这个方面，计算机和互联网空间有了质的变化。每个时代的生存图景和精神模式是有差异的，古代的空间概念是在人自我意识萌发之际，确立自身在宇宙中的位置（本体论）；近代以来空间概念是寻求人类普遍知识的基础（认识论）；现代空间概念充满了生存的不确定性和身心的异化。由于近代无定限的甚至无限宇宙观念的确立，人的处境和位置也是无定限的，人转向了缺乏价值意义的科学对象和自我存在，[①] 并引发了生存论上的现代主义危机。

　　计算机和互联网空间概念的题中应有之义，是对以往的扬弃和超越。通过"界面"，人拟构出了精神和意义生长的新型数字化空间，计算机和互联网空间的无限并非物理意义而是创造意义上的——从物理角度而言，计算机和互联网空间是有限的，只局限于服务器界面之内——它是人自身的产物与投射，同时又能通过界面交互来实现二者的分化与统一。实际上，就计算机和互联网空间的包围性而言，人再次确定了自身的位置，如果说以往空间中人的处境是被自然所塑造的，现在人开始主动创造，他既是计算机和互联网空间的一部分，又是它的创造者，也能够超越它。从而，通过计算机和互联网空间界面，人将身体、事物与精神都统合于自己所创造的拟构性世界图景之中。

---

① 〔法〕亚历山大·柯瓦雷：《从封闭世界到无限宇宙》，张卜天译，北京大学出版社，2008，第3页。

第三章

"互联网+"的技术禀赋与空间图景

"互联网+"就其本质而言，是一种技术手段。在计算机和互联网诞生以前的时代，人们有过各种各样的技术方式来为自身的需求服务，譬如蒸汽机、冶铁所用的鼓风机等。我国《自然辩证法大百科全书》给予技术这样的定义："人类为满足社会需要而依靠自然规律和自然界的物质、能量和信息，来创造、控制、应用和改造人工自然系统的手段和方法。"这是对技术的一般性解释。但是，从技术所塑造的空间构成来看，计算机和"互联网+"空间与以往是截然不同的。传统的技术及其表现，是通过对自然物质形态的改变，达到自然力为我所用的目的，它在很大程度上是物质表现形式的创造，并由之而实现物理空间的现实性效用。但是，"互联网+"空间除却硬件构成的部分，并没有直接意义上的物理空间形态，其技术是以信息为基本载体，使用逻辑和符号表征，创构了"虚在"——虚拟现实的世界图景和生存模式。

从哲学上看，这就在很大程度上超越了单纯的"用"——偏重于身体的延伸，而是一种"思"——对事物原型的创构与再现。因而，计算机和"互联网+"空间之生成所奠基的技术禀赋——它们所特有的对世界理解与运作的操作——与以往也就有所不同。实质上，这种差异的关键在于"信息"作为空间之形构的核心要素。计算机和互联网在对世界模式极简的理解之上（布尔逻辑和二进制），构建了纷繁复杂的新世界，在一定程度上是对物质世界和物理空间的超越。

譬如关于时空问题，以前信息传递需跋涉遥远的空间和经历漫长的时间，现在通过虚拟现实和远距传输，这都成为瞬间的事情，在很大程度上改变了人们的生存图景。从更为深层的方面来看，这种信息交互的瞬时性，内蕴于互联网技术的禀赋之中，这是过去所有技术中都不曾有过的。瞬时性表明了物质世界与想象力、情感与意识在连续与断裂之间具有的可能统一性。互联网所衍生的诸多技术，在某种程度上预示了未来新的技术革命，也塑造了新的技术与世界图景。比如，大数据本质上是基于统计学的，因而也就不同于以往的理性确定性，云计算破除了绝对的中心主义，以及物联网将古代的巫术和魔法变为"现实"。

由此，我们的生活、意愿和目的在互联网空间及其符号的表征中，获得了较之以往技术途径中的更多的自由和沉思，这未尝不是一种解放。

第一节　技术的词源及古代思想考察

历史地看，技术是一个显而易见的存在，它不仅是工具，是制作工具的工艺、方法，是人们对于世界的关系的认知，也可以是上述三个方面的综合。但在不同的层面上，技术展现出了不同的特点。如果从工具的角度来看，技术具有"自我隐蔽"① 的特征；从工具制作的方法论角度视之，技术是一种知识体系；从人与世界的连接而言，技术是主客体交互的中介，它是人的一种生存方式，因而在综合性的意义上，技术也构成了一个时代的生产力和生产关系的底基。马克思对此也曾指出，手推磨产生的是封建主为首的社会，蒸汽磨产生的是工业资本家为首的社会。在近代科学兴盛的背景下，技术问题，尤其是技术哲学问题日益凸显，技术经由古代不同文化观念中的差异化形态，逐步在科学的普遍性原理下表现出了同质性趋向。因而，技术在我们今天较之古代更为深入地浸濡到人们的日常生活之中，并成为我们不

---

① 吴国盛：《技术哲学演讲录》，中国人民大学出版社，-2016，第 194 页。

能回避的现实问题。

在关于技术本质及内涵的研究中，研究者从不同的学科或切入点对技术本身及其与人、物的关系进行把握，由此得出的技术之定义也有所差异。因技术自古有之，伴随着文明一同而诞生，并在不同文明体系中表现出具有各自特点的文化内蕴，关于技术的内涵，我们简要地做一些词源和思想的考察。

"技术"一词在我国古代文献中已经出现，《说文解字》关于"技"解释为"巧也"，关于"术"解释为"邑中道也"。从中可以看出，"技"是指人在做工中善于使用的技能，具有操作的含义，"巧"的意义，直观来说是有别于自然而然的生成，而蕴含着人所具有的智慧和创作的能力，它表明了人在技术的发生和运用中处于核心的位置。而"术"的本义则是指城中的通道、道路或通衢，引申为达到某处的途径、方法或手段，两个字结合在一起的含义表达了人所掌握的操作能力和原理，包含着体力和心力的双重意思。

司马迁《史记·货殖列传第六十九》曰："医方诸食技术之人，焦神极能，为重糈也"，[①] 此处的技术之含义是比较宽泛的，包括医者、方士等，他们既劳力又劳神，只为获得生活的报酬。《庄子·内篇·应帝王第七》也说道："老聃曰：'是于圣人也，胥易技系，劳形怵心者也。'""胥易技系"指两种负累：知识与技艺。[②] 此处显而易见，技术在很大程度上的含义是较为明确的，是指人通过学习所掌握的做工技能，以及使用工具进行的操劳。技术作为一种活动，具有实际的效用，但是这种对技术的看法只是涉及一种具体活动中的人的行为，人们开展技术或者说技艺的活动是为了生存的目的，同时也在社会中表明了拥有此技术的人的身份和地位，这是较为典型的非技术文明时代的技术文化观念。也就是说，技术作为一项生存的活动，是个体的一种劳心劳力被迫谋生的手段，而不是对事物和人自身的生存境遇

---

① 司马迁：《史记》，岳麓书社，2008，第 1021 页。
② 崔大华：《庄子歧解》，中华书局，2012，第 276 页。

和命运的探索。诚如海德格尔所言，在今天，技术成为整个时代的"座架"，它规定了人类整体的命运，我们不得不使用技术以实现生存的目的。海德格尔说道：

> 现在，我们以"集置"① （das Ge-stell）一词来命名那种促逼着的要求，那种把人聚集起来、使之去订造作为持存物的自行解蔽者的要求。……集置意味着那种解蔽方式，它在现代技术之本质中起着支配作用，而其本身并不是什么技术因素。相反，我们所认识的传动杆、受动器和支架，以及我们所谓的装配部件，则都属于技术因素。但是，装配连同所谓的部件却落在技术工作的领域内；技术工作始终只是对集置之促逼的响应，而绝不构成甚或产生出这种集置本身。②

对于古代而言，技术本身对于生存并不是必然且根本重要的，它是个体身份的标识，对于"圣人"来说，追求至高的"道"才是生存的目的和价值之所在。但是，在这个追寻过程中，也需通过对自然物的"技巧"的反思，从而专注于内心的沉思，目的是获得世界的本质。"技术"的这种更为深邃的意蕴在古典思想中也有所体现，也就是说，在技术与生存的境界的相互关联中，有着"技"与"术"即"技巧与道、理"的内在相通性。

《庄子·内篇·养生主第三》："'文惠君曰：嘻，善哉！技盖至此乎？'庖丁释刀对曰：'臣之所好者道也，进乎技矣。始臣之解牛之时，所见无非全牛者；三年之后，未尝见全牛也'。"此处的"技"意为技巧，郭象注曰："技之妙也，常游刃于空，未尝概于微碍也。"③ 关于此段文本的哲理，后世学者如成玄英以佛学理解，释为"初学养生，未照真境，是以触处皆碍，操刀既久，

---

① 有的学者将此翻译为"座架"，本书采用"座架"一词，但引用仍按照原译文。
② 〔德〕马丁·海德格尔：《演讲与论文集》，《技术的追问》，孙周兴译，生活·读书·新知三联书店，2005，第18~20页。
③ 崔大华：《庄子歧解》，中华书局，2012，第112页。

顿见理间，所以才睹有牛，已知空却"。① 陆长庚以玄学释之，"喻如初学道时，人间世务看不破，觑不透，只见万事从脞，摆脱不开。功夫纯熟之后，则见事各有理，理有固然，因其固然，顺而应之，大大小小全不费力"。②

在庄子的这段话中，可以看出，"技"与"术"在逻辑进路上是趋于一致的，技术是通过人在实践活动中操作工具的技巧运用而臻于对事物的大道的领悟。在中国传统哲学和文化语境中，对技术的这种理解，有两个方面的侧重点。一方面是对于人的行为或活动的关注，而不是对于技术本身，譬如庖丁解牛之技术，是指在宰割过程中人对"解"这种技巧或行为掌握的熟练程度，至于所使用的工具，也变成了隐蔽之物不纳入"技术"考虑范畴，譬如如何更好地改进刀具，使其更加锋利，以便在解剖时节省心力。另一方面，对于人自身行为和技巧的关注，目的是获得超脱现实性的一种生存的状态，这包括处世法则、人伦关系、生存之道、统御之术等，但这些层面在古代思想家们看来，仍然属于"术"的层面，而不能与圣人的境界相提并论。

然而，这种思想并不完全是对技术的贬低和排斥，这其中也蕴含着科学思想的萌芽。《周易·系辞上》曰："形而上者谓之道，形而下者谓之器"，我们姑且不论这句话的哲学意义，从对事物及其运动内在原理的角度看，古人实际上通过对事物的自然变化和技术引致的物质能量的改变已经充分认识到，具体的事物在变化、运动的过程中，有着背后的本质性的东西在起着作用。这种因果关系亦是技术发生的直接动因，并且是推动技术发展的逻辑认知。虽然从哲学上看，这句话是高度抽象概括的，但它却是在具体现象的基础上加以提炼的。《周易》是讲变化之道，自然界本来就有各种变化生灭，"生生之谓易"，对于技术而言，其核心的一个要义便是"变化"。如果通过技术不能改变任何东西，比如物质形态、运动状态或能量传递等，技术便没有存在的必要了。技术本身包含着变化、容纳和结合之义。关于此句，崔

---

① 崔大华：《庄子歧解》，中华书局，2012，第112页。
② 崔大华：《庄子歧解》，中华书局，2012，第112页。

觐曰：

> 此接上文，兼明易之形器，变通之事业也。凡天地万物，皆有形
> 质。就形质之中，有体有用。体者，即形质也。用者，即形质上之妙用
> 也。言有妙理之用，以扶其体，则是道也。其体比用，若器之于物，则
> 是体为形之下，谓之为器也。假令天地圆盖方轸，为体为器，以万物资
> 始资生，为用为道。动物以形躯为体为器，以灵识为用为道。植物以枝
> 干为器为体，以生性为道为用。①

在某种意义上，中国传统哲学和文化中关于对器物，包括技术的思考
中，同时也思考其背后的"用"，亦即"道"，虽然这种思考方式及反思的
路径，乃是在形而上学层面，即侧重于一种整体性的思维方式，寻求万物生
成与体用的直观性本质，而非一种实证的因果性本质，但对器物和技术的这
种看法也催生了一种朴素的思辨性思想，表明了事物的某种神秘或实用的关
联。这也是中国古代技术高度发达的原因，但每个现象背后的科学原理——
实证的因果性——则退居次要的地位。因而，技术在时代的生存背景中，作
为形而下的"器"，而不能与"道"在经验和物质的层面有效衔接。如《道
德经》第十一章曰：

> 三十辐共一毂，当其无，有车之用。埏埴以为器，当其无，有器之
> 用。凿户牖以为室，当其无，有室之用。故有之以为利，无之以为用。

王弼对此注曰：

> 毂所以能统三十辐者，无也。以其无能受物之故，故能以寡统

---

① 见（清）李道平撰，潘雨廷点校《周易集解纂疏》，中华书局，2016，第611页。

众也。①

这可以看出，古代哲学家们关于技术所反映的"道"并不从技术对象或物质本身去探赜，而是去考究技术现象存在的形而上的宏观性自然法则。譬如，当观察车轮的时候，并不是从圆形、等距等物质结构去思考其对于车之用的影响，进而发现物质自身的规律性和内在的变化逻辑，而是从更为抽象的"有""无"范畴来审视世界，并成为现实的指导法则。从而将对技术现象的反思导向了纯粹思辨的领域，以及由之而进入伦理和政治范畴。这种思维方式也被称为"玄远之学"，玄学被当时的朴素唯物主义思想家们所批判，如魏晋时期吴国人杨泉说道："虚无之谈，无异于春蛙秋蝉，聒耳不已"②，这种关于技术的思考只侧重于思辨之中，对于具体的技术而言则没有太大的指导意义。杨泉对此说道："夫论事比类，不得其体。虽饰以华辞，文以美言，无异锦绣衣掘株，管弦乐土梗，非其趋也。"③也就是说，如此思考万物之现象，虽力图抓住事物的根本，却是走错了方向。

这种玄远之学的思考方式，只是哲学对世界认知的一种形态，它有助于人们探索现象背后不变的东西，在科学技术视阈中可以称为自然法则或者规律。不过，中国在探究物之理的认知进程中，缺乏符号化、数学化的普遍性原理表述。从而可以说，中国有抽象的世界演化和生成概念与逻辑，但缺乏具体的自然法概念体系。在《周易》象数派那里，物质之间的关系被抽象为量化的数字符号，但其内在的逻辑缺乏有效的实证检验，仍处于魔法或神秘的样态，不具有精确的定量或定性的可控性。从而，在技术的现实性意义上，传统关于技术的认识大都囿于经验和联想的范畴。但是，这种情况在现代科学出现之前，各个文明中都大致如此。此外，中国儒家传统中经世致用、经纬人伦、注重现实之实用和功利的文化禀赋，与上述"道"与"器"

---

① （魏）王弼注，楼宇烈校释《老子道德经注》，中华书局，2016，第29页。
② 魏明安、赵以武：《傅玄评传——附杨泉评传》，南京大学出版社，1996，第407页。
③ 魏明安、赵以武：《傅玄评传——附杨泉评传》，南京大学出版社，1996，第407页。

思想的结合，在社会结构中形成了一个较为独特的具有强烈官方背景的技术工匠阶层。比较著名的科学家，如张衡，在官府中任重要职位，能工巧匠也在官方的机构中进行技术发明。这种情况使得中国经验主义尤其发达，也让古代中国的技术构造水平及效率始终居于世界前列。

　　"技术"一词，在古希腊语中的词根是τέχνη，指的是技艺、手艺、技巧，是手艺人的活动、能力、技能，也意味着一般艺术中的精美艺术品或造型。① 在这一点上，古希腊"技术"的概念与古代中国之"技术"含义有所类似，大致都表达了关于做工的某种技巧。而且，技术的使用者在社会中所处的地位并不高，因为技术是代表了耗费体力而产出的工作形式，其目的在自身之外，而不是纯粹的精神和理念。同时，技术也表征着人在操劳中较为琐碎的具体事务，而不是某种自然涌现的东西。对技术的这种看法，东西方思想家也有着一致性的方面。如我们前述关于世界和万物的生成，道家思想认为这是自然而然的结果，亦即"道法自然"，玄学家郭象注《庄子·内篇·齐物论第二》曰："故造物者无主，而物各自造；物各自造，而无所待焉。此天地之正也。"② 从这个角度来看待技术，就在很大程度上视之为人为的技巧，而不是自然的高贵的涌现。亚里士多德关于自然的概念也有此内涵，他认为，自然是一个自给自足的运动与静止的集合体，按照"第一推动力"所制定的规则形成完美的宇宙体系。但实际上，自然并不能完全产生人所需要的一切东西，而且自然善于将自己的内在和谐隐匿在理性和善的理念之中，因而，自然及其事物也需要被生产出来。

　　因而，古希腊技术一词，除有艺术之义外，还有生产、制作之义。亚里士多德充分发挥了这方面的含义，技术作为生产的方式，是一种运动，也是从潜能到现实的过程，但不同于自然的必然的目的在自身的运动，也不同于他所谓的实践活动，实践是无须结果的花，开花本身就是目的；制作则必须结出果实，开花只是手段③。这就涉及技术的伦理地位及其承载者（使用

---

① 姜振寰：《技术哲学概论》，人民出版社，2009，第42页。
② （晋）郭象注、（唐）成玄英疏《庄子注疏》，中华书局，2016，第60页。
③ 徐长福：《走向实践智慧》，社会科学文献出版社，2008，第94页。

者）的身份问题。在亚里士多德看来，实践活动是一种深思熟虑的恰当的生活，实质上是一种追求伦理德性的"休闲"，是贵族阶层的生活方式。而技术则更多的是奴隶为了自己的福利和主人而劳碌的行为。在《尼各马可伦理学》中，亚里士多德说道：

> 创制和实践两者都可以变事物为对象。然而两者互不相同，实践不是创制，创制也不是实践。一切技术都与生成有关，而运用技术也就是研究使某种可以生成的东西生成。这种东西生成的始点在创制者中，而不是在被创制物中。技术是一种创制而不是实践。它具有真正理性的创制品质，无技术就是具有虚假理性的创制品质。凡是由于必然而存在的东西，或是顺乎自然而生成的东西，都与技术无关。所以，从某种意义上说技术就是巧遇。①

亚里士多德所谓的"技术就是巧遇"是很有意思的一个观点，它表明了技术自身并不能反映自然的原则和值得实践的生活，那么如果人们要生产出某物，则不能通过技术的原则而得出，它的原则外在于技术自身。这与亚里士多德的科学观的看法是不同的（我们稍后论述科学与技术）。在这一点上，东西方思想家们关于技术的看法有所分歧，在中国古典思想看来，技术虽然是一种较为低级的技巧，但其中仍蕴含着某种事物的道理，技术最终可以反哺自身和人本身的。但亚里士多德却将技术视为一种偶然的东西。亚里士多德采用他的"四因说"来分析技术及其事物的生成。他说：

> 制作活动和取得健康的运动所由开始之点，如果来自技术，那就是在灵魂中的形式；如果出于自发，那就是一个有技术的制作者开始制作之点。例如，在医疗技术中，就可以把加热作为开始之点，他通过摩擦

---

① 〔古希腊〕亚里士多德：《尼各马可伦理学》，苗力田译，中国社会科学出版社，1990，第118页。

而加热。那么，在身体内部的热度，或是直接间接由类似健康部分的东西引起。……正如人们所说的那样，如果没有东西预先存在，也就没有东西生成。①

从"四因说"的角度来看，技术是一个系统性的东西。技术最初的出发点是在于自然事物的存在，即是技术的质料因。但技术的本质则不在于自然，而是在于技术的操弄者。因为，对于亚里士多德来说，技术的本质表现形式在于让自然本身并不存在的东西呈现出来，这就需要一个中介或者说形式，而它存在于人的灵魂之中，也就是须有一个"有技术的制作者开始制作之点"。海德格尔也说道：技术，是"把那些不能自身生产和尚未出现在我们面前的东西展现出来"②。因而，在这个过程中，技术的使用者或操弄者很明确地知道，他之所以如此处置自然与事物，是由于某个目的的指引，这个目的是关乎某种需求和意愿的。这个目的并不在于技术和产品本身，技术的操弄者或产出的产品的生产者作为事物制作的动力因的同时也成为目的因的载体，具有某种目的，而产品只是一种手段。在这一点上，从现象学的角度来看，古代和现代技术是一致的，海德格尔说，现代技术也是一个合目的的手段③。亚里士多德在《尼各马可伦理学》中说道：

　　　一切技术都和生成有关，而运用技术就是去研究使可以生成的东西生成；它可以存在，也可以不存在。这种东西的开始之点是在创制者中，而不在被创制物中。凡是由于必然而存在的东西都不是生成的并与技术无关，那些顺乎自然的东西也是这样，它们在自身内有着生成的

----

① 苗力田主编《亚里士多德全集》（第七卷），中国人民大学出版社，2015，第164~165页。
② 〔德〕马丁·海德格尔：《演讲与论文集》，《技术的追问》，孙周兴译，生活·读书·新知三联书店，2005，第18页。
③ 〔德〕马丁·海德格尔：《演讲与论文集》，《技术的追问》，孙周兴译，生活·读书·新知三联书店，2005，第4页。

始点。①

　　因而，可以看出，在亚里士多德看来，促成某种作品的产生，寻找生产某种属于可能性范畴的事物的技术手段和理论方法，都依存于生产者而不是被生产的作品。② 技术的原则不在自身而依赖于技术的操弄者的这种看法，很自然地就会得出这样的结论：技术的东西在于人根据自身需求对自然物的某种制作，它必然地与物质性的东西有关联，并且只是针对某种具体的事物，技术虽然离不开自然之物作为其质料，但它并没有深入把握自然的根本之"形式"、"理念"、"善"或者"道"，而是一种关涉到个别事物的创制的"巧遇"。因而，技术在古代的思想背景中，也就很难登入大雅之堂。对于古代思想家的技术之思而言，一个直观的现象和情景表现就是，技术显而易见的是体力的展示，它通过"巧遇"某种行动的规制，产生某种事物。亚里士多德也曾说道：

　　　　技术依恋着巧遇，

　　　　巧遇依恋着技术。③

　　在轴心时期，对于古代思想家来说，他们所思考问题的核心在于形而上的东西，亦即流变现象背后不动的那个世界和事物之所以存在的"是"或原因，这个东西才是人们的智慧所应追求的，由此而进行的沉思和实践才是应当过的生活。而技术则是处理流变、个别的事物，因而也就不能够成为知识或真理本身，只是如巴门尼德所说的意见。但是，技术所产生的效果是显而易见的，比如建筑师和工匠的共同努力，可以建造大厦，医生

---

① 〔古希腊〕亚里士多德:《尼各马可伦理学》，苗力田译，中国社会科学出版社，1990，第118~119页。
② 〔法〕贝尔纳·斯蒂格勒：《技术与时间：爱比米修斯的过失》，裴程译，译林出版社，2019，第10页。
③ 〔古希腊〕亚里士多德:《尼各马可伦理学》，苗力田译，中国社会科学出版社，1990，第119页。

通过医疗技术，可以使得病人恢复健康。这种现象或者说技术的效用也是不能避而不见的。因而，技术在某种程度上也是一种对事物的认识，且具有创造性的特点，并能取得一定程度上的善。亚里士多德也说道，技术就是具有一种真正理性的创制品质，而无技术则相反，就是具有一种虚假理性的创制品质，两者都是关于可变事物的。① 因而，在亚里士多德的思想体系中，技术虽然与实践领域的伦理德性在等级上较低，但仍属于理智德性的领域。尤其是对于具有高超技术的人，因他们在某一领域获得了超越经验的知识，因而也是智慧的，技术的使用者在其所掌控的那个事物的领域也获得一定的洞见。

从这个角度来看，亚里士多德从技术的角度在一定程度上调和了一般与个别的关系，糅合了经验、知识与真理的关联。因而，至此，我们亦可以看到，东西方伟大先贤在这个问题上的一致性。庄子通过"庖丁解牛"可以窥见大道，而亚里士多德经由"巧遇"的技术探索出具有逻各斯的理智德性，它作为智慧的某种范式，能够为具体的生产与创制活动提供有益的指导。但是，古代关于技术的看法，有一个重要的方面，即关于对技术的思索，是从个别、经验与具体的事物出发，而关于事物背后的一般性原理与规律，则没有与技术直接关联。或者说，技术所反映的世界和事物背后的真正的运行法则，在不同的文化体系中是不一样的。例如，在中国古代，技术蕴藏着世界的秘密，但是一种形而上的境界，魏源曾说："技可进乎道，艺可通乎神"，即为此意。对于古希腊来说，技术是某一类事物产生的方法或工艺。这种情况在近代科技结合以前是普遍存在的现象，也说明了科学在近代以前并不是一种普遍性的文化形态，但技术在每个时代和文化中都是必不可少的存在。

在西方科学兴盛以前，欧亚大陆较为成熟的文明体系，技术都在不断向前发展，并伴随着文化的交流。比如 18 世纪以前，中国和欧洲在农业技术、

---

① 〔古希腊〕亚里士多德：《尼各马可伦理学》，苗力田译，中国社会科学出版社，1990，第 119 页。

纺织技术、矿冶技术、水利技术、制盐技术等领域都在日益进步。尤其是在军事领域中，马镫、挽具的发明对于西方军事社会的发展在某种程度上具有决定性的作用。在这一点上，中国的技术发明对世界历史的发展具有直接的推动作用。李约瑟对此也指出，除了发明马镫，中国是唯一解决了给马类上有效挽具问题的古代文明。① 从大体上来看，古代技术的发明与发展，指涉着人们关于生存领域的需求，具有直接的现实性与物质的功利性。因而，古代技术的缓慢之革新与人们关于世界的整体图景的看法并无必然且密切的关联。例如，当人们采用新的挽具、发明水力冶铁鼓风机等时，世界的存在模式并没有因此发生根本性的变化。而人们对于世界的整体性图景之观念也并没有"技近乎道"。这说明一个问题，在技术与物质的一般性规律之间，仍需要一个中介的联结。

但是，N. 维纳曾经说过："每个时代的思想都被反映在那个时代的技术中。古代的工程师是土地测量家、天文学家和航海家；十七和十八世纪初期的工程师是钟表工人和磨透镜的工人。"② 这充分说明，技术在每个时代的不可或缺性，与那个时代的人们的生产生活方式及其在这种生存状态下的需求有直接的关系，并且反过来，技术作为一种目的取向和物质因素的综合，又对时代的生存方式有着直接的影响。在古代，技术渗入人们生存的路径是形而上文化的阐释，而今天，技术更多的是直接的生存需求之满足。但随着科学的兴起，技术与之日益相融而重新塑造了当代社会的思想与现实。

第二节　技术的内涵及其多重意义

对于古代的思想家而言，技术与自然是不同的领域，在工业革命以降的现当代社会中，技术的这种特点更为明显。但是近代以来与古代关于技术与自然之不同的认识是有所差异的。古人认为技术是一种人为的技巧，是人力施加于

① 〔英〕李约瑟：《文明的滴定》，张卜天译，商务印书馆，2016，第76页。
② 〔美〕N. 维纳：《控制论》，郝季仁译，科学出版社，1985，第39页。

事物而产生的结果，而自然则不需要人的干预。现代人直接地认为技术本身是一种手段，是通过自身而对世界的改造，自然是通过技术而为人所用的，技术在此只是作为一种臻至目的的手段，在这种情况下，近代以来的技术革命导致人与自然更加分裂了。但古代技术就其本质来说是自然生成链条上的一环，是对事物的创制而反映了部分的自然，从而也就不会成为自然的对立面。

一 现代关于技术的概念与内涵

通过梳理古代思想家们关于技术的看法，我们了解到，技术就其本质来说仍然内蕴于自然的涌现进程之中。这种有机的技术与自然之观念，是由于技术在古代还有另外一个观念背景，即技术的神秘主义色彩，以及由之而生的技术展现的力量的无根性和连续性。由于技术本身难以寻觅根源，因而它必然被嵌入世界之建构中，从而也就具有"世界—人—事物"之关联中的有机性和连续性。这表现为技术是为"道"的展现，或"理念""善"的分有，以及神灵在人的活动中"注入的某种力量"，然而这种观念缺乏现代科学所具有的实验或实证的精神。从而，技术也一定程度地消隐不见，成为社会和世界整体的一个基本的组成部分，并被纳入古代的整体宇宙观和世界模式之中。譬如，中国古代的农业技术被视为天地人和谐关系的一个象征。俄罗斯学者 B. M. 罗津对此也说道：

> 在古代文化中，工具、最简单的机械和设施都是在泛灵论的世界图景中被解读的。古人认为，在工具中存在着神灵，它帮助或妨碍着人类，工具的加工和使用活动要求对这些神灵施加影响，否则就会一无所获，或者工具会脱离人类的控制并反过来对抗人类。这类技术的泛灵论思想决定了整个古代工艺的本质和特性。从这个意义上说，古代世界的技术与魔法是同时发生的，而工艺则完全是宗教性的。①

---

① 〔俄〕B. M. 罗津：《技术哲学：从埃及金字塔到虚拟现实》，张艺芳译，姜振寰校，上海科技教育出版社，2018，中文版序，第3页。

近代以来，尤其是西方工业革命以降，人们通过启蒙运动，破除了宗教的蒙昧和神学的唯灵论，加之资本对利润和物欲的不餍足的直接渴求，技术充分展现了人的力量的对象化和现实性。也就是说，技术是人工的，它虽然具有自然的物质属性，但它本质上是非自然的，当然也非神灵的，而是属人的存在物。技术是人与自然相连接的中介，并通过技术改变自然并为己所用，满足属人的需求。这是近代以来关于技术的最为基础性的观念。马克思对此精辟地论述道：

> 自然没有制造出任何机器，没有制造出机车、铁路、电报、走锭精纺机等等。它们是人类劳动的产物，是变成了人类意志驾驭自然的器官或人类在自然界活动的器官的自然物质。它们是人类的手创造出来的人类头脑的器官；是物化的知识力量。……技术首先是作为中介出现的，通过这种中介，人们借助于劳动工具和使特定的自然物质适合特殊的人类需求的活动，通过自己的劳动达到与自然的协调。①

显而易见，技术在近代以来的凸显，以及在现当代越来越受到重视，是诸多因素促成的结果，如前所述的宗教的世俗化、物活论的破产、资本的逐利以及科学的兴盛，总之，这一切因素的综合，是近代人在技术中看到了自然法则的运行以及自己的工程创造。技术的自然法则之内蕴，一方面构成了近代的机械力学世界图景，另一方面也让人日益膨胀并逐渐凌驾于自然之上。这是一个关于现当代人们生存的深刻矛盾，同样也反映在关于技术的本质认知之中。

关于技术本质的哲学思考在古代思想中是较为缺乏的，工业革命以来，技术首要的是作为实践的物质手段和变更自然的人的力量的对象化而彰显的，因而，关于技术的概念，有诸多不同的切入点，并形成较为庞杂的内涵。俄罗斯学者 B. M. 罗津对技术的本质特征进行了以下几个方面的总结。

---

① 《马克思恩格斯全集》第 46 卷（下），人民出版社，1979，第 219~220 页。

（1）技术是人工制品（人造物），由人类（技师、技术员、工程师）专门创造出来，同时还采用一定的创意、观点、知识及经验。通过技术的这个特点可以很自然地推导出技术活动组织（工艺的狭隘观点）。创造技术设备，除了创意、符号工具，还要求有特别的活动组织。

（2）技术作为工具，总是被作为满足或解决人类需求（力量、运动、能量及保护等）的工具和手段使用。技术的工具功能使我们既把它当作简单的工具或机械（斧子、杠杆、弓等）对待，同时又把它当作复杂的技术环境（现代楼宇或工程、通信等）对待。

（3）技术是独立的世界和现实。技术与自然、艺术、语言及所有有生命的事物相对立，但是技术与人类生存的一定方式紧密相连。在当今时代，技术就是文明的命运。古希腊人最先认识到技术具有独立的作用，他们发明并采用了"texhe"的概念，后来，直到19世纪末20世纪初形成关于工程概念的新时期，创建了技术科学及技术的特别衍射——技术哲学。

（4）技术是利用大自然的力量及能源工程学专业的方法。当然，在所有历史时期，任何一种技术都是以使用自然力量为基础的。但是，只是在新时期人类才开始把自然看成是独立的，实际上是把它当作自然资源、力量、能源和过程的取之不尽的源泉，人们开始学习科学地描述所有自然现象，让它们服务于人类。[①]

从中可以看出，技术的本质具有不确定性和不可化约性，其内涵具有多重的维度。吴国盛关于技术哲学方面的研究，则是将技术的内涵扩大到一般性的现象学范畴，从而对技术的社会性进行了全面的探析。他认为，技术是人的存在方式。当代技术观念与古代有不尽一致的地方，技术是一种中性的

① 〔俄〕B. M. 罗津：《技术哲学：从埃及金字塔到虚拟现实》，张艺芳译，姜振寰校，上海科技教育出版社，2018，中文版序，第35~36页。

东西。这种情况是近代以来宗教、信仰和传统形而上文化意义的消退，人本身成为一切意义的中心和价值的源泉，因而，技术作为一种物化的东西，本身是没有价值意向的，只有人才能赋予技术以意义。这种情况的发生，是由于"目的论科学的退场"和近代数学化科学登场造成的一个必然后果。① 实际上，技术并不是中性的，它是构造人和世界的环节，包括人的自我构造、世界的构造（主要是时间和空间的构造）。从此观点出发，吴国盛认为技术包括身体技术、社会技术和自然技术。关于这一点，刘易斯·芒福德说过，人类首要的技术，从个体上说是"身体技术"，从群体上将是"社会技术"。自然技术即工具使用到什么程度，取决于社会技术允许的范围。②

实际上，历史地看，技术的这三个层面是三位一体的，自文明诞生之初已经浑然一体。原始人的身体彩绘、仪式和行为规范等，既是身体技术，也是社会技术的构成，并且要实现这种技术的规训，也就离不开自然技术的支持。当前技术具有社会控制的功能，米歇尔·福柯关于技术的配置就直接地表明技术与权力、政治的关系。他认为，权力不是从外面加之于它，而是存在于技术的设计之中。他在《规训与惩罚》中说道：

> 权力的施展不是像一种僵硬沉重的压制因素从外面加之于它所介入的职能上，而是巧妙地体现在它们之中，通过增加自己的接触点来增加它们的效能。全景敞视机制不仅仅是一种权力机制与一种智能的结合枢纽与交流点，它还是一种使权力关系在一种智能中发挥功能使一种职能通过这些权力关系发挥功能的方式。③

技术是对身体和社会的一种权力控制表达模式，通过物化的象征符号来

---

① 吴国盛：《技术哲学演讲录》，中国人民大学出版社，2016，第11页。
② 吴国盛：《技术哲学演讲录》，中国人民大学出版社，2016，第65页。
③ 〔法〕米歇尔·福柯：《规训与惩罚》，刘北成、杨元婴译，生活·读书·新知三联书店，1999，第232页。

进行表征。从更为广泛的意义上来说，海德格尔认为，技术在我们的时代已经成为一个"座架"，即成为人们赖以生存的奠基和不可回避的命运，技术虽然作为一种解蔽，却把人再次禁锢于某种装置之中，即"促逼着人，使人以订造方式把现实当作持存物来解蔽"。① 吉尔伯特·西蒙栋也认为，现代技术的特性就是以机器为形式的技术个体的出现：在此以前，人持有工具，人本身是技术个体；而如今，机器成了工具的持有者——人已不再是技术个体；人或者是为机器服务，或者是组合机器：人和技术物体的关系发生了根本性的变化。②

二　科学与技术之关联

今天，从科学和技术相结合而产生的巨大的实践力量和需求效用来看，二者对人们生存有着直接的无与伦比的影响力，这也是我们通常所言的科技文明。回溯近代之前的诸多时期，科学和技术从未有如此深刻而广泛的控制力，而信仰、思想和伦理等对人们的生活之掌控也许更为深入，如中国古代被称为儒家文明，中世纪的欧洲是基督教文明，阿拉伯世界则是伊斯兰文明。今天科学和技术似乎已经在某种程度上超越了地域性的差异——尤其是在计算机技术方面——而进入一个刘易斯·芒福德所谓的"巨机器"辖制之中。与古代相比较而言，当前科学与技术亦似乎趋于同质性的历史图景之进程中。但二者也在一定程度上是有所差异的，诸多思想家也认为，科学与技术并不能完全等同，对于人之存在的世界的样态与建构的图景而言，科学并不一定是必需的，譬如可以有神话、宗教、伦理和魔法等。吴国盛对此说道：

其实，科学对于人类的基本生存并不是必需的。历史上的大多数时

---

① 〔德〕马丁·海德格尔：《演讲与论文集》，见马丁·海德格尔《技术的追问》，孙周兴译，生活·读书·新知三联书店，2005，第19页。

② 〔法〕贝尔纳·斯蒂格勒：《技术与时间：爱比米修斯的过失》，裴程译，译林出版社，2019，第25页。

期、大多数民族是没有科学的。科学是一种非常特殊的文化现象，或者准确地说，科学是西方这个特定的文化传统中产生的特定的文化现象。不同的文化传统、不同的人文传统会孕育出不同的知识类型。在西方，这个知识类型就是科学，而在我们中国就不是科学，而是礼仪伦理。①

按照吴国盛的看法，科学在很大程度上是植根于西方文化传统之中的一种知识类型，这种知识类型的一个独特之处在于，它不是实用型的，而是遵循内在演绎的逻辑，通过自由的探索能够获得理性或理念的自洽性。对于科学而言，正如亚里士多德所言的"目的在自身的活动"。在一定程度上，我们可以看到，近代科学从西方诞生，并延展至世界各国各民族文化之中，的确散发着非功利性的特征，它是人自身认知能力和理性力量的确证。但是，历史也表明，近代科学并非为着纯粹的自由之目的，因为它要表征自身的普遍有效性，从而也就必须外化自身与客观世界的结合，表现在科学体系中就是实验、应用以及在此基础上的证实或者证伪。

工业革命以来，人们将科学的认知或这种以数学、符号等构建的世界模型付诸实际，需要有一个中介，这个中介，我们在此可以称为技术。但在此处并不是表明技术的本质就是科学与世界的中介，因为即便是缺乏西方类型的科学，自古以来各文明体系中都有着技术，并且技术依然充当着人们建构、转换和利用外部世界的手段，并发挥着能量转换和效用取向的功能。

毋庸置疑的是，现代科学是从西方文化的母体中孕育出来。科学的一个典型的标志是寻求普遍化的必然性，虽然在不同时期找到这种必然性的路径不尽一致，但其归宿则是相同的。如在古希腊时代，所谓科学是指追求自由和世界之所是，由于对经验的贬低，古希腊科学所走的是内在演绎的发展道路，亦即在思想的海洋里自由地徜徉，它是人的精神的内在性和自我推论。如亚里士多德所说，科学就是对普遍真理和那些出于必然的事物的把握。凡是证明的知识以及全部科学，都是从开始之点推出的（因为

---

① 吴国盛：《技术哲学演讲录》，中国人民大学出版社，2016，第194页。

科学总伴随着理性）。①

但这种推论思考哲学的思辨，其他文化体系亦有此思维方式，因而，古希腊科学的核心在于理性和自由。李约瑟认为，现代科学只是在西欧文艺复兴时期的伽利略时代才发展起来的，只有在彼时彼地才发展出了今天自然科学的基本结构，也就是把数学假说应用于自然，充分认识和运用实验方法，区分第一性质和第二性质，空间几何化，接受实在的机械论模型。原始的或中世纪的假说与现代假说显然大不相同，它们因其内在的本质模糊性总是无法得到证明或否证，而且容易在空间的认知关联系统中结合在一起。人们以先验构造的"数字命理学"（numerology）或数秘主义（number-mysticism）的形式来摆弄这些假说中的数，而不是把它们用于后验比较的定量测量。……直到因为与数学结合而被普遍化，自然科学才成为全人类的共同财富。②

因而，可以看出，现代科学有两个基本的要素：一是数学化，二是实验。但这二者实际上是存在一定的矛盾的，数学化的演绎推理方式是唯理论，是欧洲大陆哲学家们所推崇的，英国的哲学家和科学家们则倾向于经验论，对实验是比较青睐的。如笛卡儿就希望设计出一门只需要纯粹数学原理的物理学，他认为数学正是那种对秩序和度量进行一般处理的普遍科学，算术和几何才是使确定无疑的知识成为可能的科学，它们处理的对象是如此单纯和纯粹，以至于根本无须做出任何因经验而变得不确定的假设，而只需理性地导出结论。③

不过牛顿对此并不完全认同，它反对这种建立自然理论的方法。牛顿认为，自然哲学家的理论之总结应当建立在对现象进行认真考察的基础上，他宣称，虽然从实验和观察出发的归纳论证并不能证明一般结论，但它仍然是事物的本性所能容许的最佳论证方式。这可以被称为"归纳—演绎"程序，

---

① 〔古希腊〕亚里士多德：《尼各马可伦理学》，苗力田译，中国社会科学出版社，1990，第121页。
② 〔英〕李约瑟：《文明的滴定》，张卜天译，商务印书馆，2016，第5页。
③ 〔美〕埃德温·阿瑟·伯特：《近代物理科学的形而上学基础》，张卜天译，商务印书馆，2018，第100页。

即"分析综合法"。① 近代科学从其发展的脉络和兴起的现象来看,抛弃了传统技术的物活论观念和有机的宇宙观体系,而从天体运动、机械运动等经验观察和实验验证的角度确立了机械论的世界图景。E.J. 戴克斯特霍伊斯说道:

> 正是这一观念(机械世界观)造就的研究方法和讨论方法使物理科学(包括关于无生命自然的所有科学:除了严格意义上的物理学,还有化学、天文学)能够蓬勃发展,今天我们正在享用它的成果:首先,以实验为知识来源,以数学公式为描述语言,以数学演绎为指导原则,寻求可由实验确证的新现象;其次,正是这一观念的节节胜利使技术发展成为可能,从而使工业化迅猛发展,否则现代社会生活根本无从设想;最后,正是这一观念所蕴含的思想方式深入了关于人及其在宇宙中位置的哲学思想,渗透到了初看起来与自然研究无涉的众多专门学科中。鉴于所有这些因素,物理科学的机械化已经不单单是一个关于自然科学方法的内部问题,而是影响了整个文化史。②

但是,从第一次工业革命发端来看,当时的物理学和天文学等科学的建立,并未对技术的发展起到直接的推动作用。如蒸汽机的改良是由于英国采煤业发展排水的需要,之前需要用马来进行牵引排水,费用高昂,在前人的基础上,瓦特改进了蒸汽机的分离冷凝器,提高了活塞的效率。不过在改进过程中,瓦特也请教了格拉斯哥大学化学教授,从中得到了蒸汽机效率低的原因,之后蒸汽机又经过很多发明家的改进,在美国日益普及开来。与蒸汽机发明的同时,西欧的纺织技术、冶铁热鼓风技术等,都是在传统技术的基础上进行改良的结果,科学对此事的技术革新影响并不是决定性的,如蒸汽机的杠杆、纺织机的飞梭等是之前都有的技术储备。

---

① 〔美〕约翰·洛西:《科学哲学的历史导论》,张卜天译,商务印书馆,2017,第74页。
② 〔荷〕E.J. 戴克斯特霍伊斯:《世界图景的机械化》,张卜天译,湖南科学技术出版社,2010,第7页。

这其中一个重要的原因是，人们对于物质的形态改变、能量传递模式的优化等是在宏观领域的机械性操作，这种操作是经验力学的充分利用，并不完全需要科学定律的数量化的计算，技术的操作和制作在经验领域的解释已经足够，这个阶段的科学亦有着技术的基础，如伽利略的自由落体运动试验、牛顿的惯性定律等。但是，随着科学对世界认知的日益深化，尤其是深入电磁领域之中，单凭经验就无法对世界的运行加以感知，或者说它超出了感官感知的范畴，而科学对此的认识转为技术领域，则与传统的机械力学形态不同，而须进入微观的不可见的世界，技术也呈现出"黑箱"的特征。

第二次工业革命以降，即电气革命、原子能革命以来，科学与技术密切结合起来。一方面，科学要展现自身的力量，它已经不满足于单纯地描述世界和追求智慧的自由，而是要改变世界，并以科学来重构世界，它需要通过技术的中介来实行科学的霸权；另一方面，技术已然超越了经验的阶段而必须由科学的理论来规训技术的表达方式和组织形态，技术是科学的显象，科学是技术的底基。

我们在此想简要地表明一个观点，技术就其本身而言，具有一定的独立性，前科学时代中国技术的高度发达也表明，技术并不完全依赖于科学，但西方近代以来的科学革命所带来的技术化，则是具有较为鲜明的特性。对于计算机和互联网技术来说，它不但具有自古以来的一般性意义上技术的普遍特征，而且有着直接的现代科学背景，更为重要的是，它蕴藏着自身较为独特的属性，这就是计算机和互联网技术的"信息"和"黑箱"特性，由之而生成的新的信息和世界图景。在这一点上，其他技术与之截然不同。

第三节　计算机与"互联网+"空间技术禀赋

计算机和"互联网+"从一般性的技术方面看，如果把计算机和互联网的硬件和软件视为一个"黑箱"，其功能则是显而易见的。前者乃是一种计算或生成（输入/输出数据和信息）的工具，后者则是通信——传递信息的工具。但问题的核心正在于"黑箱"之中的秘密。纵观人类生产生活的各种技术的发展历程和展现形式，基本上都是直观而明了，亦即"物质组合—机械效用"的过程。从本质上来说，计算机和互联网也是一种机器，只不过其动力是来自微观的"电子"或"量子"世界。就此而言，计算机和互联网技术作为一种不与外界事物发生作用，且自动内部生成信息而非控制自然和物质的数字化拟像，已经超越了古代封闭而有限的人之活动的工具，也扬弃了近代的控制自然的机械力学手段，从而在技术向着人自身而迈进的方面，呈现出了独有的特征。这种特征，是以数学为引导的信息再创构的虚拟指令和逻辑体系。

一 从信息说起

我们今天已然进入了科技文明的时代，计算机是这个时代的主要标志之一，并且其他技术在通信和交互方面都没有像计算机（包括电视、无线电等多种电子媒介）那样对人类社会和人的生活方式产生如此深入重大的影响。那么，计算机和由之链接在一起构成的互联网所带来的一个重要的特征就是"信息"。信息是一个较为复杂的概念，并没有确定的定义。控制论的创始人诺伯特·维纳曾给信息下了一个定义："信息就是当我们适应世界并将我们的适应作用于世界时，与外部世界交换的内容的一个名称"，并提出了"信息既不是物质，也不是能量，信息就是信息，不懂得它，就不懂得唯物主义"这样一个命题。实际上，从远古时期的口语和手势到古代的竹简、莎草纸，再到后来的印刷术等的发展历程，是处理文字符号信息载体的技术迭代。从而，我们也可以看出，信息并不是计算机的产物，但反过来说，计算机却是处理信息的历史上最为重要的技术，它的技术之禀赋就在于信息的生成与传递之进程中。传统的技术是处理物质、能量等东西，但如果没有数据、数字、文字等信息，计算机也就无法发挥其功能。

1. "信息"概述

"信息"是一个非常复杂的概念，对此学界也并没有一个统一的概念，信息可以有多重维度的表达和解读。这种情况正如奥古斯丁关于时间的说法，当没有谈论时间的时候，还比较清晰，当谈论之际，反而觉得时间的问题更加模糊。信息这个词在很多领域都有运用。比如，在口语中，我们说话的声调和语气表达了某种信息；在印刷品如书籍中的文字符号，向阅读者透露出某种信息等。总体来说，信息在人们的认知和行动中起着牵引的作用，没有信息，人实际上就无法进行活动。卢西亚诺·弗洛里迪对此说，信息，以及与之相关的概念比如计算、数据、通信等，在我们对现实进行理解、模拟和转换的过程中发挥着重要的作用。很显然，信息已经改变了人类的诸多领域。① 这种关于信息的理解主要局限于日常生活中人们通过感官知觉所接收到的各种媒介传播的新闻、情报、图像、资料、数据等消息，以及信息论中的编码传递等，也并未涉及信息的本质。

在信息哲学领域，我国学者邬焜对信息下了一个抽象的定义："信息是标志间接存在的哲学范畴，它是物质（直接存在）存在方式和状态的自身显示"。在这个信息概念中，信息被作为一个基本的哲学范畴，构成世界存在的一个组成部分，是高度抽象的哲学概念。钟义信从信息科学的角度对"信息"的概念做了如下几个方面的界定：

（1）信息存在于外部世界（包括自然界和人类社会），也存在于人类认识主体的精神领域，是一种普遍的存在。

（2）存在于外部世界的信息，是万事万物（包括物质与精神）所呈现的运动状态及其变化方式。它只与事物本身有关，而与认识主体无关，因此称为本体论信息。

（3）存在于认识主体精神领域的信息，是认识主体所认识的事物运动状态及其变化方式的形式（语法信息）、内容（语义信息）和价值（语用信息），三者的统一体称为认识论信息，也称为"全信息"，它既与事物有关也与认识主体有关。②

---

① 〔意〕卢西亚诺·弗洛里迪主编《计算机与信息哲学导论》，刘钢译，商务印书馆，2010，第123页。

② 见邬焜、成素梅主编《信息时代的哲学精神》，中国社会科学出版社，2016，第113页。

在以上几点信息特性的基础之上，钟义信指出了信息的运动规律，即本体论信息转换为认识论信息，后者又转换为知识、基础意识、情感、理智、智能策略和智能行为。这是外部世界与认识主体相互作用的"信息—知识—智能"转换规律。从中可以看出，钟义信关于信息的论述，已上升到了哲学的层面，并将信息作为世界存在的构成要素之一。

因而，从世界之基本要素的角度来看，对于信息问题的处置，就像与物质对象打交道是一样重要的。对于生物之间的交流，大自然已经进化出信息传递和转换的手段，如通过眼睛、鼻子等器官可以感知光、气味等信息，最为重要的是通过喉咙和声带的震动发出声音，在不同个体之间交流、分享信息，这对于生存而言是至关重要的。当人类具有抽象的思维能力，随着活动范围的扩大和现实物质计量的需求，语言文字、数字和图像等就被发明出来，成为存在痕迹的保留、传播和交互的符号化显示。关于信息技术的历史，实质上就是对文字和数字进行记录、编码、传递和解码、转译、表意手段的进化与更迭。

自从文明诞生以来，在不断更新的技术背景之下，尤其是在计算机和互联网技术的无形网络之中，我们可以将信息视为"人类发明的符号系统（口语、手势、文字、数字、图片、绘画、密码等）所表征的能够被传播和交互理解的有价值的内容"。这是一个现象学视阈下的信息观点，一方面并没有将信息上升到世界构成要素的本体论的高度，另一方面将信息不独立于人而存在，表明信息与人交互才构成自我与世界——是技术性的生活世界而非抽象的哲学世界。因为，人类信息交流的发展贯穿了文明的全部进程，而处理信息的技术必然包含着人自身的诠释，并在人与人、人与物的关系中建构着不同样态的世界模式。

在互联网技术中，信息并没有如此抽象的概念，而是一种纯粹的通信的数学量度。1948年，克劳德·艾尔伍德·香农在其著名的硕士论文《通信的数学原理》中提出了"信息熵"的概念，从数学的角度解决了信息的度量问题，并且量化信息的作用。从量化的角度看，信息即是传输的信号被接受者解码后能够获得意义的程度。一条信息的信息量与该信息的不确定有关，如果信息量较大，受到噪声干扰较少，那么这条信息就含有高度信息量，香农用"比特"（bit）概念来表示信息量。因为信息的传输和交互是为了意义的明确，比如用文字来记录事件等，因而信息和消除不确定性是相联系的。互联网技术的发展就其本质来说，不是为了获取物质或者能量，而是为了更为有效地、确定和便捷地获取事物之间的各种信息。与上述哲学观点结合而论，信息是计算机和互联网的内在禀赋，计算机和互联网处理信息（作为哲学中的与物质、精神范畴不同的间接存在）的方式与过去有了质的变化，从而也对世界有着深刻的影响。

2. 计算机技术是从物质、能量到信息的进化

从现象的角度来看，计算机和"互联网+"已全面渗透于我们的日常生活中，它们作为一项我们已经不能离开的技术工具，处理的东西与结果跟以往的技术是不完全相同的。我们可以考虑其他技术的特点及功能。譬如现代的发动机和汽车制造技术，显然，这种技术是通过发动机燃烧某种物质（如汽油）使得发动机缸内气体膨胀而做功，推动活塞运动，进而通过传动轴将动力传递给四个轮子，驱动汽车前进。发动机和汽车制造相结合在一起的技术，是通过某种方式，触发物质的物理或化学变化，转换自然界存在的某种物质形态，以获取能量的过程。更为具体地来说，就是通过发动机燃烧产生的内能转化为活塞的机械能，再经由传动轴产生推动汽车的动能。通过能量的获取，推动物体运动速度的增加，并使人或物在较短的时间内进行流动。

对于其他技术，如钢铁冶炼、纺织技术等，都是通过物质形态的改变，进而产生新的产品、运动状态或能量形态。但是，计算机与"互联网+"技术的运行过程及其结果与上述的例子是不完全一样的。计算机包括硬件和软件系统，计算机在其运行过程中，除却消耗电能，并不改变任何物质形态和能量模式，但是它的一个重要的特征是能够储存和处理数字（比特），实际上也可以称为信息。这个信息的运行也不完全由硬件所决定，而是由程序来进行。这个数字信息在计算机或互联网的输入与输出、运行与计算过程中，并不产生新的产品，也不改变动力输出模式。计算机或互联网把自然存在的

某种状态（电子）转化为二进制数字（1、0），再经由数字的重新排列组合向自然状态（视觉、听觉等）进行还原，就输出了数字映象结果。在这个过程中，我们可以把数字信息视为一串的比特（1、0），或者电路线上的开闭模式（开、关），或者是不同电路电压的差异（高、低）。

在计算机和互联网技术的功能发挥过程中，我们发现，任何物质都没有发生改变，对于程序而言，也没有输入任何能量形式，因为其结果并没有改变某种现实性事物的存在状态和运动轨迹。也就是说，与其他技术相比，计算机和"互联网+"并没有改变任何"具身"关系，也就是人与现实性环境的直接构成性情景，但它对于我自身而言，却构成了身体的拟像延伸。比如，当我驾驶汽车驶向某个景区，随着物质（汽油）和能量（汽油燃烧）的消耗，我的身体能够实在地处于某处风景关系中；但在某宝网购物的时候，通过手机屏幕，我看到了一件时尚的衣服，这件衣服并不是物质性的实在，它只是在我的意象中，已经成为"我的"，信息的交互将人置于一种新型的事物关系之中。

对于人来说，一般技术所产生的新的物质形态和能量形式，具有他异性，但计算机和互联网技术生成的信息却不是外在的"他异性"，而具有内在的自洽性。这是由于计算机和互联网技术处理的事物，构成了一种融合与背景关系。计算机和互联网技术处理了涉及生活世界的方方面面，并通过人的身体的拟像与信息耦合，建构了新的生活与意义场景。因为，在人们对世界、外物和自我关系的认知构成中，信息起到了场景显象的功能。当前的计算机和互联网技术，可以用来处理传统印刷术的文字功能、电子邮件传输、日历、笔记、游戏、影像播放等，在一定程度上再现了生活世界场景。

同时，计算机和互联网技术同样能够涵盖购物、导航、定位、图像编辑、预订高铁票、虚拟现实体验等。从而，在一定程度上可以说，一般的技术体系构成人们生存的他异性生存关系，也就是其他技术的物质和能量输出，构成了人们生活的背景和舞台，而计算机和互联网技术体系因信息之涌现和映入，构造了人们与计算机和互联网技术的信息网络的嵌入型融合性关系。

3. 互联网作为"通信"技术的信息交互革命

信息的存在贯穿人类文明发展史。对于人们交流的需要来说，信息的传递需要有一个载体，通过时空的传输，跨越空间阻隔，从发送的一端到达接收一端。如果将信息传播载体视为一种媒介的话，那么在这种信息载体即媒介的沿革过程中，计算机和"互联网+"媒介技术达到了一个巅峰。麦克卢汉断言"媒介即信息"，即信息的载体并不仅仅是一种外在的、纯客观的技术形式，作为信息载体的媒介对信息本身有着直接的反作用，信息的结构方式、信息的表征模式等有赖于媒介的形式。人们最早的信息传播和交流是自然主义的方式，即通过空气、光线等媒介进行信息的传递，口语是最基本的交流方式。在军事领域，人们采用鼓点、烽火等快速传递军情和命令等。但这种信息的载体和传播是稍纵即逝的，在时间上并不具备持续性，也就是没有存储的能力。造纸术和印刷术的发明，对于通信是一个重大的变革，书籍作为媒介，对其所传播的信息内容和形式有着重大的影响，因为它把人纳入与信息的具身性之境域。关于媒介与信息的这种内在的耦合性关联，马歇尔·麦克卢汉说道：

> 我们这样的文化，长期习惯于将一切事物分裂和切割，以此作为控制事物的手段。如果有人提醒我们说，在事物运转的实际过程中，媒介即是信息，我们难免会感到有点吃惊。所谓媒介即是信息只不过是说：任何媒介（即人的任何延伸）对个人和社会的任何影响，都是由于新的尺度产生的；我们的任何一种延伸（或曰任何一种新的技术），都要在我们的事务中引进一种新的尺度。①

从传统媒介来看，如传统的书籍，它所引致的信息传递——通信方式，是一种较为松散的点与点对接的非连续性通信结构。而且这种通信方式仍然受制于物理空间的间隔，并且依赖于事物在物理空间中的移动，这种信息的

---

① 〔加〕马歇尔·麦克卢汉：《理解媒介——论人的延伸》，周宪、许钧译，商务印书馆，2000，第 33 页。

接收端具有一定的随机性。如，当一本书被印制出来，这本书所含的信息被固定在智障之中，书本作为物质实体，必须经由物流、货运等进行散播和位移，从而到达信息的接受者手中。关于书本信息的受众，虽然从群体性的角度来看，具有统计学意义上的确定性，但对于个体则不能即时进行衔接，即信息并不能及时解码。对于信笺来说亦然，虽然通过邮政通信系统，信笺可以从发送者直达接受者，但物理时空是不能够即时跨越的。

计算机和"互联网+"作为一种新的通信技术，与传统不同的是，它构成了一个信息传递的节点神经网络（网络服务器）和感知的三维虚拟现实（计算机终端的多维度景象生成与展现）。通过互联网，人们可以即时发送、检索和接受自己所要获取的信息，这都集成在计算机和互联网的技术系统之中，构成了信息生成、传递与接受的整体动态结构。例如，当我们想在网络中获取信息时，只需要在浏览器中进行相应的链接点击和登录操作，浏览器就会向Web服务器发送请求，Web服务器根据请求向浏览器发送响应。浏览器是主体的信息接收与发送端点，Web服务器则是信息的生成、中继和反馈的驿站。这个过程的请求和响应是由"1"和"0"编码而形成的二进制信息。"互联网+"通信的实质已经从物理实体的原子转运，转换为数字编码的电子比特传输。

因而，计算机与"互联网+"作为信息通信技术，就其本质而言，与传统的信息方式并无根本性的差异，这亦是通信的本质。吴军对此描述为，发送者（人或者机器）发送信息时，需要采用一种能在媒体中（比如空气、电线）传播的信号，比如语音或者电话线的调制信号，这个过程是广义上的编码。然后通过媒体传播到接收方，这个过程是信道传输。在接收方，接受者（人或者机器）根据事先约定好的方法，将这些信号还原成发送者的信息，这个过程是广义上的解码。[①] 具体如图 3-1 所示。

但是，对于我们日常生活的境况来说，信息已经是存在于服务器中的设置好的二进制编码，因而实际操作过程与图 3-1 显示的过程是不完全一致的。对于普通互联网用户而言，我们用以下步骤来描述：通过浏览器来生成

---

① 吴军：《数学之美》，人民邮电出版社，2019。

图 3-1　通信模型

资料来源：吴军：《数学之美》，人民邮电出版社，2019，第 50~51 页。

消息，终端设备（手机、电脑、平板电脑等）通过光电信号传输互联网 TCP/IP 数据，然后经由网络和网络设备（局域网、ADSL、光纤等）接入互联网内部，到达服务器端的局域网，请求得到满足时，相应地反馈给既是发送者，也是接收者的浏览器。从而可以看出，个体在获取信息的过程与以往的通信模式是有着很大差别的。人将自身的精神和意识延伸于互联网的符号化世界之中，通过计算机的中枢系统，完成了信息的构造。这个过程并非纯粹的物质事实本身，而是创构了新的信息空间模式，以及事物的客观不实在的形态，这是互联网通信技术与以往的核心差异。在这个过程中，计算机的程序而不是硬件的结构成为此项技术的内在禀赋。

对此，斯蒂格勒说，根据海德格尔的观点，现代技术的体系性是"激发"性的，这是区别于其他时代的标志。技术指令自然，过去则相反，是自然指令技术。现代自然受技术"调动"，也就是说它成了技术的"职员""从属"；同时，技术作为自然的主人，对自然进行开发利用。[1] 这段话并非单纯指机械性的技术，比如发动机，而是侧重于电子技术，尤其是计算机技术控制的机器的运转，因为机械技术的背后有了作为"指令"的计算机的信息控制，而这个控制完全是通过二进制的数字信息和编程来实现的，过去的技术只是单纯的物理世界的机械运动，而机械运动没有主动的创造性，只能被动地听从自然的指令。

二　从时间到空间的统一性

对于传统的技术而言，其内部的构造和运转只有一个体系模式，即物质

① 〔法〕贝尔纳·斯蒂格勒：《技术与时间：爱比米修斯的过失》，裴程译，译林出版社，2019，第 27 页。

所构造的各种部件的组合，技术体系在运作的时候，仅依赖于能量的输入，从而能够进行运转工作，并根据技术设计的目的进行能量和物质的输出。这实际上就是一种机械的运动过程。这个过程一般来说是线性的，也就是需要消耗时间，它需要一定的周期来实现物质能量形态的转变。这种转变从本质上来说与原来的质料没有本质的变化，只是存在形态和样态发生了改变。也就是说，传统技术是时间性的，而它的空间则是僵化的和沉寂的。

众所周知，计算机技术系统实质上是由两大部分组成，一部分是硬件，另一部分是软件。硬件类似传统技术构成，是指计算机和互联网作为一种技术设备所需要的物理质料，例如，计算机的键盘、显示器、显卡、主机、鼠标等；软件指的是计算机在运行过程中所执行的程序，也就是指令和数据，软件是人们感知不到或者看不见的东西。日本学者矢泽久雄总结了计算机的三个根本性基础：

（1）计算机是执行输入、运算、输出的机器。

（2）程序是指令和数据的集合。

（3）计算机的处理方式有时与人们的思维习惯不同。[①]

从前两个方面我们可以看出，计算机作为一种机器，其功能主要是用来执行指令和数据的运算，通过硬件的物理状态来实现程序的目的。计算机的运行过程，以及互联网的信息传输方式，与传统技术类似，都具有机械性。此处的机械性是指，截至目前的科技发展水平阶段的所有机器，都是无意识地执行所设定好的每个指令和步骤。这一点显然与人的思维是不同的。人类的思维是有意识的，有时依靠直觉来进行判断，但计算机则不然。计算机对问题的解决依赖于某种算法，所谓算法，是指把解决问题的所有步骤用图式表现出来，再将这种图式用计算机语言进行编写，也就是计算机的程序。计算机在解决问题时，并不需要创新、思考，而是按照程序的步骤机械地进行

---

① 〔日〕矢泽久雄：《计算机是怎样跑起来的》，胡屹译，人民邮电出版社，2020，第 3 页。

逻辑运算，就能完成预先设定的目的，只不过计算机这部机器所处理的东西从物质和能量换成了数字和信息。这种转变，正是计算机和互联网技术的根本禀赋之所在。直接地来说，传统的任何一项技术，从结构上来说是一个执行单一任务的闭合的系统。譬如，发动机作为一个机器，其功能就是燃烧燃料提供动力；蒸汽机作为机器，亦是如此；即便是造纸术、印刷术等媒介生产和传播技术，在同样物理质料基础上，一次性只能产生同样的写入。我们前面已说过，传统技术的一个核心的问题，就是时间性的问题，机器运转在线性的方向，是一维的矢量，直接指向目的，并且必须臻于确定性的目标，否则技术就是有缺陷的或失败的。如发动机动力输出之后就不能再复原了，印刷术在纸张之上印制信息符号之后就不能重复加印或随意抹除。在传统技术体系中，时间性的问题是受限于宏观物理规则，要想获取同等量的物质和能量，就必须延伸机器运行周期的长度。传统技术一般来说是有形事物的产出，在创制和生产过程中，技术就将时间性纳入其内禀属性，譬如手工打磨一件物品，需要耗费相当长的时间，从而价值也与时间密切相关。如此一来，技术的系统性结构与其发挥功能的过程在时间中保持一定的均衡。斯蒂格勒说道：

> 一个技术体系构成一个时间统一体。它意味着，技术进化围绕着一个有某种特定技术的具体化而产生的平衡点，达到了相对稳定的状态。[1]

从而可以看出，传统技术的空间则是闭合的、僵化的、同质的，没有任何差异，也就不存在意义的生成。因为在传统技术的结构和系统之中，只有单一的硬件质料是为了特定的目的，按照特定的原则组成的固定的空间关系，这种空间结构一旦确定，就具有稳定的特征。虽然对于一项技术来说，

---

[1] 〔法〕贝尔纳·斯蒂格勒：《技术与时间：爱比米修斯的过失》，裴程译，译林出版社，2019，第33页。

在其不断革新的过程中,其组合方式和材料是不断变化的,但是,其构成的空间关系的意义则是确定的,而且,在机器的运行过程中,并无可以重复的多维度的指令能够添加到技术体系之中。因而,在传统技术架构与运行进程中,其空间意义丧失,整个技术的功能的实现、物质和能量的输入输出,都是建立在时间的一维性和方向性的基础之上,空间在这个过程中是缺乏的。

传统技术中的时间性,在近代以前,主要是指以时间换取空间,诸如通过驿站系统的接力,把某个信件送到目的地,完成信息的空间传输。传统的机械力学技术在近现代以来的表现是对于效率的极其推崇,这导致的后果就是手段本身成为目的。吴国盛认为,技术作为自我构造和世界构造的环节,其基本含义应该是适当性、恰当性,但现代技术蕴含的时间性,正如我们前述的,技术的时间性在普遍性、单一性的逻辑方面展开,同时也有一个精确性的逻辑。① 因而,时钟在我们的时代越来越重要,芒福德对此说道,"现代工业时代的关键机器,不是蒸汽机,而是时钟"。② 在这样的技术系统架构之中,空间则逐渐消隐不见,它内设的规则是空间出处均匀,每个位置都是恰如其分的,组合精确,其目的是通过这样的组合手段达到技术设定之处,而不具有开放性的生成维度。

传统技术的这种时间性的效率逻辑、单一性和手段目的性,也与斯蒂格勒所谓的"爱比米修斯的过失"有关。我们知道,古希腊神话中的普罗米修斯从宙斯手中盗取火种,给人类带来了文明。这源于普罗米修斯的兄弟爱比米修斯在为各种生物分配各自种系属性时,忘记给人类赋予一种天生的专长,如鸟类会飞翔、鱼类会游泳、兽类有皮毛御寒等。他的这一"遗忘过失"造成了人类具有一种在生物种系遗传中的"原始性缺陷"。斯蒂格勒对此说道,人仅仅因为一个遗忘才诞生,这就是爱比米修斯的遗忘:他在分配"属性"时,忘记了给人留下一个属性,以至于人赤身裸体,一无所有,所以人缺乏存在,或者说,尚未开始存在。它的存在条件就是以义肢的装备来

———————————

① 吴国盛:《技术哲学演讲录》,中国人民大学出版社,2016,第24页。
② 〔美〕刘易斯·芒福德:《技术与文明》,陈允明等译,中国建筑工业出版社,2009,第15页。

补救这个"原始的缺陷"。也就是说，他认为，由于爱比米修斯的这种滞后，人类才发明了技术这一后种系生成和全新非生物构序的外部义肢实存。① 种系发生的缺失以及后种系的生成，都在时间境域之内。技术的发明似乎为了满足某个特定的需求，而用于完善人所缺乏的某项功能。譬如，我们使用刀具切割肉食，是将之作为人所缺乏的利齿；人发明飞机，是补偿翅膀的缺陷。人类的技术出场，似乎针对某个特定的场景，而剩下的就是存在的不断延展，以获得生存的满足感。

计算机和互联网技术对此种手段本身是一个颠覆，这个颠覆不在于完全摈弃了时间性，恰恰相反，时间性在计算机和互联网技术中仍然是关键性的东西，众所周知，为了驱动 CPU 运转，集成芯片中被称为"时钟信号"的电信号是必需的，这种电信号模拟的就是时间的运行，每隔一定的时间就变换一次电压的高低，时钟信号的频率可以衡量 CPU 的运转速度。计算机 CPU 的时钟频率对于计算机和互联网空间的形构是至关重要的。在计算机和互联网空间，时间已经不是问题，原因在于计算机处理的是信息，且可以同时处理多个进程，CPU 的时钟频率远远超越了人类的感知，时间被无限细分为空间的涌现，表现为"1"和"0"二进制两个数字之间的转变。

计算机技术体系由硬件和软件两个部分构成。这是传统的技术所不具备的一个特征。硬件遵循时间性，因为它是现实性的，追求效率逻辑，单一性手段和目的的统一，具有功能上的确定性。软件从本质上来说是空间性的，软件指的是程序，程序包含信息处理的算法和数据结构，这两个方面就是处理问题（数据或信息）的步骤和排列方式。因而，在软件程序的执行中，算法和数据结构相互匹配就是非常重要的。比如，当我们设计的软件是描述某个街道的车流量，那么对车流的计算和车辆数据就要进行匹配；如果设计的是百货店的售货和收银系统，那么对产品的价格、数量和重量等需要进行匹配。

因而，可以看出，软件系统是动态的，在空间性方面根据现实性的对象

---

① 参见张一兵《斯蒂格勒〈技术与时间〉构境论解读》，上海人民出版社，2018，第 44 页。

而进行信息的重构，具有开放性和信息的不确定性。程序在计算机和互联网技术的时间性运行之过程中，不断重塑与建构着自身的空间结构。对于计算机硬件的运行的时间性已经由于非宏观性机械化的运动，而超越了现实性的时空。与传统技术相比较而言，程序的数字化运行、算法和数据结构的组合，在一定程度上来说，对时空中的事物不能产生直接的因果影响、算法和程序，以及信息在计算机技术体系中，只存在于它自身所建构的时空中。

因而，计算机和互联网的技术禀赋，是由于信息的空间构境而超越了传统技术的时间构境，或者从硬件和软件相统一的角度来看，计算机和互联网技术在数字和电子的层面实现了时空的再度统一。这可以表现为人工智能、大数据、云计算等最新的技术体系。现代技术最为重视的是时间性，因为机械力学的运动要求有精确的计时，而空间只是一个运动的背景。计算机和互联网所形构的网络模式，重新给予了空间深度与广度的起伏交互、生灭不断的意义和生机。

第四节 "互联网+"技术衍生的"数字化空间图景"

我们前述已经将计算机和互联网技术的内在禀赋归于信息的处理，在此基础上，计算机与互联网构建了新的时空关系，这可以称为信息技术的世界图景。传统技术所处理的事物是物质和能量，在宏观物理法则的限制下，传统技术的发展总是受着一定承载量的极限。譬如，汽车的发动机随着不断的改进，其燃油经济性和热效率大大提升，但发动机的热效率是有限度的，目前来看，热效率在40%以下，想提升1%就是极为困难的事情，传统技术在能量和物质处理方面，似乎遭遇到了自然法则所限定的极限，因而，传统技术必须不断地进行变革，以获取最小物质和能量输出，并获得最大限度的物质和能量输出。

对于计算机的硬件系统而言，当然也必须遵循这个规律。但是，从信息的角度来看，则不受限于此。信息与物质、能量不同的地方在于，当一个人获取某个信息后，该信息并不因为耗散而减少其内容，它依然在互联网的服务器中存在，供任何一个使用者随时下载，并加以传播。在某种程度上，从计算机所执行的程序和数据匹配运算与构型来看，"计算机网络空间主要是作为信息内容的承载和媒介形式起作用的，或者说是人们进行字符操作行为的'本体'和'基质'，因而也相当于康德所说的空间上的'无限'和时间上有始无终的'永恒'"。①

这种无限的时空特性，在于信息的数字化整合。在今天的计算机和互联网信息技术的分布式存在和交互中，由网络信息技术制造出来的巨大数字化机器已经成为一个共时化世界的即时性和持续的遴选装置。② 通过这样的数字化信息技术整合，人们不再囿于传统的物化和能量化的世界有形，而是重新塑造了新型的技术世界图景，这种图景不以物质为基础，而是以数字信息为核心，成为斯蒂格勒所谓的"数字化的幻象"，或者说是真实的幻象。计算机和互联网已经进入云计算、人工智能和大数据的超真实的现实境域。王一兵对此说道：

> 在这种资本主义数字化新世纪中，存在论的构境中的有选择能力的主体与真实需要的客体的关系，已经被他者欲望所支配的消费者与虚假商品的关系所取代，这意味着主体对需要对象的真实判断力不再存在，实际发生的是计算化的产品数量与消费水平的关系。……其实，现在只要在"百度"上搜索一件物品，下次再打开网页的时候，就会看到无数相近产品的贴心推送，以及各种这一产品的数字化拟真影像。③

一　大数据与不确定性

毕达哥拉斯学派曾断言"万物皆数"，在如今的计算机和互联网时代，

---

① 郭斌：《从康德的理性观看计算机时空的构建——从计算机的角度来看时间与空间》，《自然辩证法研究》2003 年第 8 期，第 19 页。
② 张一兵：《斯蒂格勒〈技术与时间〉构境论解读》，上海人民出版社，2018，第 237 页。
③ 张一兵：《斯蒂格勒〈技术与时间〉构境论解读》，上海人民出版社，2018，第 239 页。

他的这一理念基本上算是实现了。通过数字化的符号，当今的一切事物通过各种传感器、微处理器等，都可以被编码为信息保存在硬盘、云端与各种大型数据库之中。互联网技术的飞速发展，为大数据提供了技术支撑，作为信息技术时代的产物，大数据带来的是与以往技术的机械力学观不同的，我们前述传统技术的机械特征，是单向的一维矢量，具有确定的手段与目的的直接同一性。但是，信息论就其本质来说是为了消除不确定的，从反面来说，即信息论和大数据的诞生也正体现了时空的不确定性和价值的不可化约性。

大数据包括两个方面的含义，一方面是指现在的各种信息和数据规模较以往呈现出指数级的增长和几乎无限的体量，不能单纯以传统的计量方式来衡量；另一方面是指通过现有的计算机技术，能够从庞大复杂的海量数据中，迅速获取含价值的信息。前者是指大数据这一现象，后者指通过计算机技术对数据和信息所做的有效处理与分析。阿里研究院认为，大数据以数据量大、实时性强、类型多样、价值丰富为突出特征。数据采集、存储、处理、分析、展示技术的全面成熟，为人们挖掘这一宝藏提供了强有力的工具。信息技术的不断突破，本质上都是在松绑数据的依附，最大限度地加速数据的流动和使用。[①] 阿里研究院的观点，表明了大数据所具有的两个方面的特征，信息技术导致数据呈现指数级增长趋势，同时又对数据进行有效的分析和规整。

大数据的利用较以往有很多的优势，例如通过各种网络终端如手机、平板电脑、电脑等进行信息的搜集，可以大幅度地降低获取信息过程的成本，同时，也能够提高信息的准确度和多维度。另外，在互联网中进行信息的交互一般来说是匿名的，上传信息的用户通常不会隐瞒自己真实的观点，数据的真实性更能得到保证。大数据分析与以往相比有一个较为显著的特点，即关于某个问题，传统的数据分析一般会提前预设一个假定，但通过大数据技术进行的采集、储存、处理、分析等，不带有预判的观点，而是从纯粹的现象出发，发掘出数据本身所呈现出的内在关系。

---

① 阿里研究院：《互联网+未来空间无限》，人民出版社，2015，第12页。

如前所述，当你在百度进行搜索的时候，百度会利用大数据为你推送相关信息，这个结果并非从对你个人喜好的假定出发，也与你的选择并无必然因果联系，从大数据的视角来看，这是一种你的选择与其他同类信息之间的相关性，这种相关性并不需要进行置信区间的设定，而只是一种模糊的推送策略。从而，我们可以看出，大数据具有的特征是全面性、模糊性和相关性。具体而言，大数据并不通过传统的调查手段进行样本选择，或者预定假设，而是对所有的现象进行数据分析，通过直观的分析得出相应的结论，这种结论往往是与假设不一样的，结论与大数据之间是一种有限度的相关性，从而，大数据在事物的价值和定性的判断上具有一定的模糊性和不确定性。这种状况在一定程度上也符合信息的本质，即信息标志着不确定性的度量。

从计算机和互联网空间的角度来看，这是重新塑造了新的时空观。古代以信仰来确定"人—世界—事物"的关系；近代以来，科学与技术的联袂，使得理性图景统治世界；如今互联网进入大数据时代，一切重新变得不确定。我们不再从假设出发，科学和生存的范式并不再有固定不变的基石，一切都植根于人的不断变化的实践与存在关系之中，空间因而也不再是固化的、僵硬的。互联网空间充满了喧嚣与非同寻常的可能性。

这对于互联网用户来说，正如马克·波斯特所言，观众既被构建为客体又被构建为主体，既是物又是上帝，于是便面临主体位置的不可能性，即主体根本上的无实质性。……观众的这一既共时又分离的位置，动摇了被建构主体的那种虚幻的稳固性。……更广义地说，信息方式下的媒体领域，通过对消费者主体进行语言建构，扩展了非自由的范围，并通过对中心主体的所有形式进行解构，为话语打开了一条通往自由的新层面的道路。① 通过大数据分析及其结论的无限制符号推送，互联网用户被嵌入了空间的不断解构与重构之中，一方面被数据所控制，另一方面也重新拟构自我的存在方式。

---

① 〔美〕马克·波斯特：《信息方式——后结构主义与社会语境》，范静晔译，商务印书馆，2014，第 97 页。

二 云计算与去中心化

随着计算机和互联网的发展，大数据表明了信息日益快速增长的趋势，每天以数以亿计的光电传感器、移动终端和 PC 端交互着海量的信息。对于大数据的分析需要即时性和综合性，也就是要求计算速度和全部数据的整体性特征。这对于计算机的计算能力有着非常高的要求。如果数据被保存在脱机状态的本地客户端，也就谈不上大数据，这种数据缺乏整体属性和共享的特征。随着大型互联网公司的发展，尤其是 21 世纪以来宽带上网和搜索引擎不断普及之后，人们通过互联网交互信息非常便利；同时，大型互联网公司、各种数据库中心等不断涌现，大量的服务器之间通过高速光纤加以连接，互联网架构下的各个服务器的计算资源和能力能够进行共享，个人计算机和移动互联网成为个人的终端设备，且能够通过宽带、移动网络和 WiFi 等随时随地接入互联网和大型服务器数据中心，彼此之间能够加以互通互联，数据也就得到了动态、即时和有效的传递与处理。

可以看出，所谓云计算与大数据紧密相连，前者催生了信息的指数级增长，后者加速了数据中心和计算的并联，存储、处理、计算与交互信息的数据中心可以称为"云端"。吴军从技术的角度总结了云计算的本质特征。（1）云计算保证用户可以随时随地访问和处理信息，非常方便地与他人共享信息。（2）云计算保证用户可以使用云端的大量计算资源，包括 CPU 处理器和存储器（内存和磁盘），而无须自己购置设备。① 我们自己也对此深有体会，比如当笔者在写作本书的时候，用的是金山旗下的 WPS Office，每当文档有更新，便会自动保存到金山服务器云端，无论在何处，随时可以从手机上查看文档。从技术角度来看，这给予了我们通信的便利，但云计算不仅仅是给予人们纯粹的技术支持，它对数据的控制、计算与反馈，同样拟构着互联网原居民的生存模式。

云计算的核心在于计算，没有计算，也就没有数据处理，大数据也就无

———————————

① 吴军：《浪潮之巅》（下），人民邮电出版社，2020，第 739~740 页。

用武之地，信息的价值和即时性优势也就得不到体现。云计算采用的是分布式的存储、交互和计算方式，也可以说是分而治之的方式。从而，在计算机和互联网空间的存在样态上，云计算的本质在于去中心化的进程中，形构着非社会化的存在关系。因为，在互联网的时空中，通过大数据和云计算所析出的数字拟像，已经超越了个体性的人的理性认知和实践范畴，人的存在已经不仅仅在于如马克思所言的现实性的社会关系，而是超理性和超现实的"远距—即时"分布集中式的技术构成图景。在互联网用户的行为中，云计算就其本质而言，是信息塑造了人的意识和行动的指南，实现着对人的控制和摆布，在其中人们可能迷失自我，脱离现实性的整体域而被迫进入云计算分布式的理性解体境遇。这正如斯蒂格勒所说的"第三持存"，即人的存在遗迹在外部物性存在上的保留，也就会导致网络生存中的系统化愚昧。[①]

三　物联网的非接触性

物联网，顾名思义，是指万物互联。这其中包含着事物与网络之义。这项立足于计算机和互联网技术之上的新的空间事物结构模式，表征着人在世界中的对万物的数字化整合。例如，现在的汽车都有远程启动功能，当夏季的午后，我们准备出门之时，通过身上的穿戴设备，读取到汽车由于在太阳下暴晒，车内温度高达60℃，于是我们提前远程启动发动机，并打开空调，当我们下楼坐进汽车的时候，车内温度已经降到了舒适的范围。

这显然是不通过接触而进行操控的行为，或物与物之间不通过接触而发生相互作用。前述大数据的不确定性，是信息论的本质，以及互联网技术从现象而不是从预设出发得出相关结论；而云计算使得人们不再主动判断和思索，自我处在分散的云端数据记忆和整合中。而物联网将这些信息放大到所有存在者之中，在古人看来，这就是一种魔法。例如，列维-布留尔曾记载道：

---

① 张一兵：《斯蒂格勒〈技术与时间〉构境论解读》，上海人民出版社，2018，第313、315页。

在回乔尔人那里，"健飞的鸟能看见和听见一切，它们拥有神秘的力量，这力量固着在它们的翅和尾的羽毛上"。巫师插戴上这些羽毛，就"使他能够看到和听到地上地下发生的一切……能够医治病人，起死回生，从天上祷下太阳，等等"。①

在这里，鸟似乎拥有某种力量，携带某种信息，羽毛作为某种传感器或接收设备，但人们通过这样的方式，就能够对事物进行掌控。从形式上来说，这类似于今天的物联网技术。物联网的结构链接形式是以 Web 计算为网络人机交换界点，互联网作为网络架构，人们能够通过网络运营服务器进行信息传输与交换，这种服务器节点由以前的集中式逐渐向客户端分布式改变，由此，PC 端、移动设备等通过互联网可以进行信息和数据交互。实现物联网需要有传感器、网络和计算等设备，传感器包括光感应器、温湿度感应器、红外感应器等。物联网通过感应设备将各种光电信号在服务器中转化为二进制数字信息，万物就在数字化的显示中展现其隐藏的特性。以往这种交互，主要是通过人自身感觉器官，如眼睛对光线、运动状态感应、触觉对温度感应等，物联网的传感器表明了技术对于人的器官的延伸，同时也是信息技术的数字化反馈于显象，它是互联网的数字拟像向着人的物理世界的重构与再现。

物联网实质上是信息中介的世界图景模式，信息已经不仅是在计算机和互联网的数字化时空形成拟像或虚拟的图景，通过信息的介入和互联网的传输，物联网又重新超越了纯粹的比特世界，复归到物理世界之中。从某种程度上来说，物联网技术的发展，表明了计算机和互联网技术的"物理—数字—虚拟—现实"的否定之否定的发展进程。从人们对信息认识的阶段性也可以看出：信息可以分为自在信息和自为信息，自在信息存在于物理世界，无论人们觉知与否，它都客观存在；人们通过通信手段对信息加以度量，是为自为信息，这突出表现在计算机的二进制编码将物理世界拟像为数

———————

① 〔法〕列维-布留尔：《原始思维》，丁由译，商务印书馆，2017，第32页。

字化的景象。在物联网阶段，信息已经成为自觉的存在者，人对物联设备的参数可以进行设定，反过来物联设备可以智能地根据个人的特点进行学习和自主控制，以及实现具有一定思维特性的自动化。从而，在"人—事物"的双向交互中构建新型的世界图景，物联网所塑造的空间呈现出一种万物在信息基础上的差异性并存结构模式。

第四章
"互联网+"空间与人的生存方式

阿尔伯特·伯格曼曾说，17世纪以来"哲学家一直试图以共同接受的科学实在为基础重构意义，但时至今日，关于如何从科学结构转变为意义结构，从原子和分子到调整或引导我们生活的模式或划时代事件，并没有共识的观点"。[①] 这主要是因为，虽然科学研究的对象是具体的，但是其思想的基质则是关于无限的。对黑格尔来说，有时候无限就是一种恶。从而，对于日常生活而言，现代科学具有指导作用，但难以构建意义。在神话、宗教和信仰祛魅的时代，科学也并不能取代它们，那么人们如何在这样的世界中生存呢？马克思已经对此给出了回答。马克思说，迄今为止，人的生存方式表现为"人的依赖"和"物的依赖"阶段。近现代资本主义时代以降，技术的蓬勃发展，填补了信仰的空白和科学重构意义的缺失，构造了人的具有时代性的生存方式。

在"人的依赖"阶段，因农业时代的技术条件发展不充分，人的生存方式依赖于自然；在"物的依赖"阶段，工业革命和科技的联袂，塑造了一个"物化"的世界，人们在其中以占有和消费为主要生存方式。工业技术所塑造的这种世界，实际上与科学结构相一致，它所建造的人化的空间，也是冰冷的、空洞的，除却物之外没有生气的。计算机和互联网技术的出

---

① 见邬焜、成素梅主编《信息时代的哲学精神》，中国社会科学出版社，2016，第113页。

现，是对此空间的一种超越和否定，在互联网空间的生存方式中，人们的创造性和交互性部分程度地摆脱了物的依赖和异化，同时也保留了"人的依赖"时代的情感和意志。因而，我们说，互联网空间表明了人的创造性和感性实践的回归，它使得人从追逐"物"的存在，到追求自我表达的"生存"之情态，由此，在技术的层面而非信仰和物的层面加深了人与世界的关联，并在互联网有界无限的空间内统合了日常生活的时间性。

这较为典型地表现在计算机和互联网的"虚拟现实"之中。从广义上来说，虚拟现实不仅是一种通过可穿戴设备等所感知到的虚拟体验，更是一种人的创造性力量和情感的整体性生存境域建构。虚拟的能力是人天生所具有的，古代的神话和宗教等，都是虚拟的产物，但这只是具有心理学意义上的现实性。近代的工业技术压制了这种虚拟能力，科学和技术呈现给人们的是一种纯粹物化的、理性主义的世界图景。在其中，人们都沉沦和操心，成为了单向度的人。从一定程度上来说，虚拟现实连接了个体的内在精神、创造性和外在的现实性体验，虚拟现实源于人自身的能力，一种虚构的能力，同时也是一种再组织自己的生存情态的能力。通过词源学和技术历史比较分析，所谓"虚拟现实"，从哲学的角度而言，是指人具有的一种本质力量对象化的能力和表征，这种能力即是一种自我意识的综合体，是理性和非理性的结合；这种表征，是一种超越但又保留"物"的界限而融合身体与精神的个体的整体性生存结构。

第一节　空间、技术与人的存在方式的变迁

一　马克思主义关于人的生存方式的思想

马克思主义关于人的哲学范畴，一个重要的方面就是人如何生存，而且论述了历史和逻辑相统一的唯物主义思想。马克思主义所认为的人的生存，并不纯然是抽象的存在论。比如西方古典哲学认为人是理性的主体，将人的存在抽象为工具理性，而舍弃了人的身体、精神和社会存在的方面；西方当

代哲学流派的存在主义，认为存在先于本质，虽然是对抽象理性主体的反对，但仍然缺乏物质和经济社会的基础。同时，由于二者的抽象的观点，也就不能把技术作为一个综合的"物质—能量—信息"与人交互的要素而全面认识人的生存方式。马克思主义将人的存在纳入"人—自然—社会"有机整合的历史和现实进程之中来进行分析。这是我们分析马克思主义关于人的存在方式的基本思想和出发点。

从一般性哲学思维的角度来看，人是具有反思的物种，就人的生存方式之样态作为一种思考、思想或者观念来说，是人对自身（包括精神、心理和物质、社会等）的一种反思。这样的一种能力，就人之本身来说，是由于人的自我意识的诞生。从发生学上来说，自我意识的诞生是复杂的自然演化和群居社会性的结果，但也许由于某种基因或功能的不同，这种情况就导致了人与动物的不同，一个最为直接的表现就是"对象化"，亦即人能够将自我、他者与事物相区分的能力。这个区分包含着三个方面的含义。

首先，人能够意识到自己作为独立的客体与对象，并且能深刻地觉知到他者与自我的差异和疏离，这就使得人通过各种外在关系来获取自己所需和满足内在的各种需求。但仅此并不能将人与动物完全区别开来，因为动物同样有与此类似的感知和行动能力。

其次，人不但能意识到这种自我、他者和外物的疏离性，而且能够意识到自己的"这个意识"，换言之，人能够对自己的感知、意识和心理进行再次的反思，亦即，人能够反思到自己处于某种状态和处境，也就是我们所谓的"生存方式"，由此，人在思想和行动中，就不像动物那样完全遵循自然所给予的某种特定的、程序化的模式，他能够由此而充分利用自身的条件，或者改变自身，或者改变环境而开展生存活动。

最后，人的自我意识所能引致的行为具有双向的特征，因为人能够认识到某个"认识、处境和状态"，是否与自己、他者和事物（对象）相合，从而再次展开或矫正行动而达到某种适应状态（对象化），这也即是通常所言的实践。

也就是说，在人的生存活动和生存方式中，人是实践活动的主动方，相对于人的实践活动的对象是受动方面，即客观对象。正如马克思所言："主体是人，客体是自然。"① 这是较为宽泛的广义说法，这里的人是指具有自我意识、主观能动性的社会主体，而不是单纯的抽象意义上的人。因而马克思又论述道："主体也始终是意识或自我意识，或者更正确些说，对象仅仅表现为抽象的意识，而人仅仅表现为自我意识。"②

这个过程是不断连续向前发展的，是螺旋式前进的，犹如进化一般，不断滚动向前，正如恩格斯所说的历史的进程，类似力的平行四边形的合力，虽然最终的结局也许难以有精确的预测，但它能够根据自然和他者的生存和行动的痕迹，来形成自己生存的某种客观的对象和可资利用的引导思维。这也即是人的社会性的生产方式和文化结构。

卢卡奇对此也说道，"历史一方面主要是人自身活动的产物（当然迄今为止还是不自觉的），另一方面又是一连串的过程，人的活动形式，人对自我（对自然和对其他人）的关系就在这一连串过程中发生着彻底的变化。……历史恰恰就是人的具体生存形式不断彻底变化的历史"。③ 对此，马克思曾说道：

> 人不仅仅是自然存在物，而且是人的自然存在物，就是说，是自为地存在着的存在物，因而是类存在物。他必须既在自己的存在中也在自己的知识中确证并表现自己。因此，正像人的对象不是直接呈现出来的自然对象一样，直接地存在着的、客观地存在着的人的感觉，也不是人的感性、人的对象性。自然界，无论是客观的还是主观的，都不是直接同人的存在物相适合地存在着。④

① 《马克思恩格斯选集》（第2卷），人民出版社，1972。
② 《1844年经济学哲学手稿》，人民出版社，1985，第119页。
③ 〔匈〕卢卡奇：《历史与阶级意识》，杜章智、任立、燕宏远译，商务印书馆，2014，第284页。
④ 《马克思恩格斯文集》（第1卷），人民出版社，2009，第211页。

直接地来说，其他物种虽然也对外物和对象——比如蚁群中群居的其他成员、猴群中的猴王，或捕食动物追逐的猎物等——不断调整自身的行为，以适应瞬息变化的环境和满足某种内在的需求，但这种情况是遵循自然的律令而不自觉的行为。它们并没有反思或者说通过"自我意识"来预设或设计一个外在于自身结构和能力之外的技术性的延伸之工具，也就是说，它们并没有意识到自身所处的某种情况是与自身的存在并不相适合的。从而，也就不能够超越自身的自然尺度的局限而扩展自己的生存方式和实践模式，而人作为有自我意识和实践能力的物种，也就是一个类的种类，对此有着直接的认知和深沉的再认知——反思。这里的反思，并不仅仅是一种条件反射，也不是单纯的思考，而是一种实践，因为反思必定来自知觉和行动之后的意识。

对此，马克思也深刻地指出，对于人而言：

> 通过实践创造对象世界，改造无机界，人证明自己是有意识的类存在物，就是说是这样一种存在物，它把类看作自己的本质，或者说把自身看作类存在物。诚然，动物也生产，……但是，动物只生产它自己或它的幼仔所直接需要的东西；动物的生产是片面的，而人的生产是全面的；……动物只生产自身，而人再生产整个自然界；动物的产品直接属于它的肉体，而人则自由地面对自己的产品。动物只是按照它所属的那个种的尺度和需要来构造，而人却懂得按照任何一个种的尺度来进行生产，并且懂得处处都把固有的尺度运用于对象；因此，人也按照美的规律来构造。①

人的自我意识和对象化的能力，决定了人具有与其他存在物（物种）截然不同的特征。对此，马克思主义认为，人作为一个有生命活动、自我意识和能动性的存在物，具有双重的属性：一方面是作为自然界的一部分而存

---

① 《马克思恩格斯文集》（第1卷），人民出版社，2009，第162~163页。

在着；另一方面人与其他动物不同的地方在于人是作为社会性的物种而存在着。此处的社会性与动物的群居是完全不同的。最直接地来说，动物的群居特征，乃是纯粹作为自然的一部分而存在，它们群居之关系不具有技术、记忆、反思和对象化的特征。而人作为一个物种的社会性，则将自我的认知对象化为客体而存在，并将自我通过技术、文字、文化等形态延伸为超出自然的界限，虽然这些因素仍然受制于自然规律的制约，但改变了自然表达和展现的形态。

人作为自然界的一部分之存在是很好理解的，因为我们与其他物种一样，不可能离开阳光、空气和水，而这些东西在当前的技术条件下，都是不可能大量制造出来并且无限制供人们使用的，而我们只能是享用自然的无私的馈赠。与此同时，我们也不可能离开自然生态系统的大循环而单独存在，科学家们在沙漠地带进行的人工微型生态系统实验也是以失败而告终，移民其他星球目前也仅是一个科幻的想象。自然自在地存在着，它不需要理由，而人作为自然的存在物，在诞生的初始阶段，也曾经完全浸润于自然的节奏和无言的律令之中。对于动物而言，只能"自然"地顺从于这个世界的必然性，而无力对此认知或更改它的具体表现形式。对早期的人类来说，也存在着这样的境遇，"人们对无法企及且又充满威胁的自然，以及自然极端物质化和对象化的结果的恐惧，都会沦落为泛灵论的迷信，对内在自然和外部自然的征服就会成为人类生活的绝对目的"①。

但人对这种自然的必然性律令是能够加以认识的，这表现在科学之中。譬如，有一个关于引力被发现的著名的典故，是说牛顿被树上落下的苹果砸中了脑袋，认识到万物都是有引力的，并通过数学符号对引力的规律性进行了描述。但是，这里面仍有一个令牛顿感到困扰的问题，即引力是自始至终完全存在的，还是在宇宙生成的过程中逐渐形成完善的？通过经验，我们知道万物都有一个诞生、成长和灭亡的过程，但是作为"引力"这种自然的

① 〔德〕霍克海默、阿道尔诺：《启蒙辩证法》，渠敬东、曹卫东译，上海人民出版社，2006，第 25 页。

必然性规律，它是逐步形成的呢，还是在世界诞生的最初，就一瞬间完美无缺地成了必然的律令呢？牛顿的这个发问，实质上正是表明了，人超越自然之自在范畴的一种境域。这种超越性并不是高于自然，而是人的反思的能力和自我意识在实践中的表征。由此，人也能够跨越自在与自为的界限，在物质的世界中利用规律而改变物质的存在状态。人对自然的认知对于自身在特定认识水平下的存在方式有着直接的意义，这是人的自然属性的一个基础。

这样的情况，同样体现在人的社会性之中。社会性的主要内涵，在于人的交往关系，马克思对此曾说过，"人的本质并不是单个人所固有的抽象物。在其现实性上，它是一切社会关系的总和"。① "全部人类历史的第一个前提无疑是有生命的个人的存在。"② 社会关系从其本质上来说是一种自然演化的物种生存结构，但人能够对这种结构的存在样态加以反思，并对此进行改变。比如，历史上的帝国形态、民主制、集权制等，都是社会关系的表现形式之一。同时，社会关系还涵盖了一个生存的基本问题，即人们必须把自身与自然的物质、能量和信息交换，和社会的群体性的交互模式相结合起来，这样就构成了人的整体性的生存方式。马克思指出，"人们之间一开始就有一种物质的联系。这种联系是由需要和生产方式决定的，……凡是有某种关系存在的地方，这种关系都是为我而存在的；动物不对什么东西发生'关系'，而且根本没有'关系'；对于动物来说，它对他物的关系不是作为关系存在的"。③ 这种关系或者说某种生存方式，可以被称为文化，衣俊卿说：

> 文化是历史地凝结成的稳定的生存方式，其核心是人自觉或不自觉地建构起来的人之形象。在这种意义上，文化并不简单的是意识观念和思想方法问题，它像血脉一样，熔铸在总体性文明的各个层面，以及人

---

① 《马克思恩格斯选集》（第1卷），人民出版社，1972，第18页。
② 《马克思恩格斯文集》（第1卷），人民出版社，2009，第519页。
③ 《马克思恩格斯文集》（第1卷），人民出版社，2009，第533页。

的内在规定性之中,自发地左右着人的各种存在活动。①

逻辑地来看这个问题,也就是说,从人类诞生的那一刻起,这两部分就交织在一起,并没有截然的泾渭分明的界限,从某种意义上来说,从这两个方面对人之存在进行分析,二者在人作为一个物种存在的方式和内容中的地位、作用和占比,以及二者所呈现出的人的本质的对象化的方面是有所不同的。就其较为显著的表现来说,则是由于技术在人的实践活动中所发挥的作用的比重决定了人的生存方式。譬如,在农业文明时代,马克思将之称为"人的依赖"生存方式,这是由于人们的农业生产、城市建造和动物驯化、冶炼铁器等物质转换技术水平所使然的。而到了资本主义时代,技术的发展导致了物质形态的非自然化,即按照自在的存在路径,自然不可能产生某种事物。物的极度人化和社会化,资本在其中的力量具有核心的地位,我们摆脱了自然的某种必然性的限制,但又迷失在物的异化之中。关于这种异化的状态,是人们在认识到自己异于自然之后,再次认识到自己又异于自身的创造。实质上,人的需求和意识的对象化所构成的"第二自然"或者说是社会存在,再度成为人自身的某种必然性,而人的自我意识和反思的实践能力总归要觉察并超越它。

因而,我们看到,人的生存方式,由自然的必然性的束缚和限定,逐步转向了社会性的某种必然性,这本质上是自然规律的社会化,因为人在获取物的过程中,将自然的律令内化于社会嬗变背景之中,从而社会也就有了必然性的运动进程可循。而在其中,技术扮演着生存方式形构的关键角色,重要的一点就是,技术联结并更改着人们获取物质、能量和信息的途径和方式。关于人的生存方式的阶段性发展,马克思对此论述道:

> 人的依赖关系(起初完全是自然发生的),是最初的社会形式,在这种形式下,人的生产能力只是在狭小的范围内和孤立的地点上发展

---

① 衣俊卿:《文化哲学十五讲》,北京大学出版社,2015,第17页。

着。以物的依赖性为基础的人的独立性，是第二大形式，在这种形式下，才形成普遍的社会物质交换、全面的关系、多方面的需要以及全面的能力的体系。建立在个人全面发展和他们共同的、社会的生产能力成为从属于他们的社会财富这一基础上的自由性，是第三个阶段。第二个阶段为第三个阶段创造条件。①

马克思所谓的人的依赖关系，在某种程度上是指在前工业化时代，人的生存方式是一种自然的存在。这种自然的存在如前所述，当然并不是纯然动物意义上的，而是农业生产方式上的。农业生产方式屈从于自然力的统治之下。马克思说道："在土地所有制处于支配地位的一切社会形式中，自然联系还占优势。在资本处于支配地位的社会形式中，社会、历史所创造的因素占优势。"但问题在于，农业生产中所认识和实践的自然事物之间的关系，并非如引力那样是非常精确的东西，而是一种非线性的、混沌的状态。农业社会一方面是生产技术依赖于人力、畜力等不加以转化的生物力进行，另一方面生产技术和生活模式是与自然的节律保持"天人合一"的状态，但这种节律的自然表征具有不确定性的特征。

近代以来，科学认知方式的兴起，隐藏在事物背后的本质曾经一度被认为是不变的，这是近代科学力学观的思维方式，但量子力学和计算机的出现打破了这种观念，似乎又回归到了前工业时代，即神话时代和农业时代的思维方式之中了。神话思维在列维-布留尔看来是一种拟人化的思维方式，但从生存的角度看，恰恰正是马克思所谓的对人的依赖性。

以物的依赖为基础的生存方式，是对人的依赖的一种超越，这表现在两个方面。一方面从人们生存生活和生产而言，很大程度上摆脱了对自然的一味的顺从；另一方面则是物——物品、事物和物力，以完全不同于自然力的状态呈现于人的面前。这即是马克思所谓的"普遍的社会物质交换、全面的关系、多方面的需要以及全面的能力的体系"，人在物的依赖的生存方式

————————————

① 《马克思恩格斯文集》（第8卷），人民出版社，2009，第52页。

下，更新了自身需求的产出方式和消费方式，升级了人关于能量、信息的利用模式，这种状况表现在生存方式当中，即是一种交换状态的变化，这种交换状态，既包括人本身——超越了小范围的人的依赖，也包括物——交换的目的是资本，二者相互结合，人最终也被视为一种物，他/她也成为可被估量的具有价值的东西，这就导致了对物的全面的依赖。《共产党宣言》中对此说道：

> 资产阶级抹去了一切向来受人尊崇和令人敬畏的职业的神圣光环。它把医生、律师、教士、诗人和学者变成了它出钱招雇的雇佣劳动者。
>
> 资产阶级撕下了罩在家庭关系上的温情脉脉的面纱，把这种关系变成了纯粹的金钱关系。
>
> ……
>
> 资产阶级在它的不到一百年的阶级统治中所创造的生产力，比过去一切世代创造的全部生产力还要多，还要大。自然力的征服，机器的采用，化学在工业和农业中的应用，轮船的行驶，铁路的通行，电报的使用，整个大陆的开垦，河川的通航，仿佛用法术从地下呼唤出来的大量人口，——过去哪一个世纪料想到在社会劳动里蕴藏有这样的生产力呢？[1]

这种情况在现实性上，在人们实际的生存生活中，导致了异化现象。马克思在《1844年经济学哲学手稿》中的一段话描述了他那个时代人的劳动异化的存在方式："你的存在越微不足道，你表现自己的生命越少，你拥有的就越多，你的外化的生命就越大，你的异化本质也积累得越多。国民经济学家把从你的生命和人性中夺去的一切，全用货币和财富补偿给你。"[2]

按照马克思的设想，在物的依赖基础上能够实现人的全面自由发展，这

① 《马克思恩格斯选集》（第1卷），人民出版社，1995，第275、277页。
② 《马克思恩格斯全集》（第3卷），人民出版社，2002，第342页。

是第三个阶段。但目前来说，我们仍然生存于第二个阶段之中。这样的生存方式，在空间中有何表征？计算机技术的飞速发展，互联网空间的日益形构，给我们的生存方式带来何种物的生存状态下的新体验？从马克思关于人的社会形式的变迁之内在要素中，可以看出，技术是这个变迁的动力，它是物将人异化的对象化的东西，也是人实现自由全面发展的内在化和外在化的统一的契合点。因而，从某种程度上可以说，就这种生存方式变迁的唯物主义的因素而言，空间与技术之联袂，构成了一个极为重要的基础。

二 技术与空间：人的存在方式的基本质素

从发生论的意义上来看，人们自我意识诞生之后，从对自然必然律令的无意识遵从之中超脱出来，时间与空间以一种关切到人自身生存的基本质素进入人们的视阈之中。就原初生存的状态而言，空间对于时间是更为基础的。这在很大程度上的一个原因就是，人们的生存方式受制于技术条件的限制，技术所能解决的主要是"当下"的生存需求，或者说是一种"生存困境"。因为人们必须面对现存的诸事物的各种即时的状态和关系。所谓"即时的状态"，亦即人们并没有明确的时间观念，而是在实践和意识中，关注于每个特定的生存节点和具体场景。在一定程度上可以说，人们的生存侧重于空间的秩序性，比如，在狩猎和采集时代，人们的技术因素在生存中并不占据重要地位，但是对于空间关系、事物的距离、地形和场所的掌握则是至关重要的。

但是随着技术的发展，时间因素越来越重要，时间之中的诸种事物，也必须在空间的延展中得以涌现，而时间则是一个需要耐心等待的过程，时间在某种程度上是与生命之体验融为一体，柏格森称之为"绵延"。但同时，柏格森也将时间分为两种类型，就如量子力学中的波粒二象性。一种是作为宇宙度量的时间，它可以被量化和分隔，是断续的，而不是连续的；另一种是如源源不断的水流，不可分割，不能有效量化，这是生命时间。前一种时间即空间，后一种则是生命之体验，是一种意识内的空间，或者说是精神空间、心理空间。这两种空间在古代缺乏物化或现实性中结合的技术条件，在资本主义工业化时代，结合二者则是时钟。对于这二者，柏格森说道：

> 这样一来，通过一种真正的渗透过程，我们得到了一种混合观念，认为有一种可被测量的时间；从其为一种纯一体而言，这种时间就是空间，从其为陆续出现而言，它就是绵延。①

因生命时间的主观性，也就是说，从本质上而言，生命时间是一种自然的、不加区分的、混沌的意识和无意识混合状态。这是我们纯粹依赖自然、顺从自然的遗留，并且这种时间之感将一直留存于人的内在世界，并构成了内空间的所有事物与生命的实在感。但是，对于生存而言，这种时空感受性与其他物种并无本质的差别。从而，人们必须从外在的事物之关系中来确立时空之规定。从技术上来说，这就是人们从被动遵循自然的节律，而进入主动适应规律约束性的阶段，并部分程度地具有时间的预测性和空间的重塑性。从农业阶段来说，即是马克思所谓的关于人的依赖阶段，之所以如此，其关键的内核是，人们能够"为我"所用的力量主要来源于人自身。时空主要作为一个指引，技术是达到时空指引目的的一个手段。

当人的生存方式由采集、狩猎进入农业和畜牧业阶段，对于时间节律的客观化、外在化就成为亟须的要求，远古时期的信仰、身体彩绘等内时间的表征就成为文化的"遗留物"，而技术的时空对象化则成为生存的显象。我国古代农业社会是一个典型的例证。古人根据太阳、月亮的运行周期，总结制定了农历、二十四节气等，定农时，行农事。对于游牧民族以畜牧业为主来说，他们根据所养殖的动物的成长和繁殖周期来进行时空划分。

但是，因为内时间也就是"绵延"的非对象化，那么时间只能构成人们生存的客观标准，也就只能从空间的秩序中获得，这同样是我们前述的人所进行的"反思"，是意识中空间关系的外在化，而不是体验的对象化或外

---

① 〔法〕柏格森：《时间与自由意志》，吴士栋译，商务印书馆，1997，第 156 页。

在化。例如，对于以农业立国的古代中国来说，观象授时是通过空间确定时间的过程，由此可以制定指导农业生产的历法。因为较之于物候，天上的恒星是不变的，太阳的运行也有着较为精确的轨道，以空间方位的秩序性可以判断时间的次序性。

在这个马克思所言的"人的依赖"阶段，技术和空间从整体上而言仍然是外在化的。技术的基本表达方式，主要是促成自然事物的空间形式的变化。农业技术在时空事件的自然发生中，更多的是将这种事件与生存场景进行整合，是事物的外在的一种量的变化。比如，开辟沟渠引水灌溉、使用畜力耕作、添加粪肥增产等。人的依赖，就意味着除却基本的自然力，人没有自己的超越自然生成的创造物。对于建筑、工艺和制作而言，技术基本上是手工作坊式，对于物质和力的认知和掌控还不能形成规模化的生产。因而，人们的生存方式依赖于彼此的交互关系，以及由此而结成的时空纽带。

伴随着技术的进步，时空也必然随之发生嬗变，人的生存方式也由之而进行变革。马克思主义为这个变迁的过程提供了科学的理论。技术的发展，人们的认知进入空间与事物的本质领域，而不仅仅满足于事物外在的形式或表现，或仅仅改变事物的广延形态。技术乃嵌入了时空内部。从某种程度上来说，技术不仅嵌合外在时空进程及架构，同样也融入内在心理时空之统觉。时空与技术日益密切连接，逐步糅合形成新的空时状态，这种状态以一种崭新的状态有别于以往的自然时空、物理时空和前工业时空。我们在此可以将时空与技术的糅合与嵌入所形成的存在样态称为"技术空域"或"空技"。从这个意义上看，物化时代的人之生存方式与以前发生了根本性的变革。

例如，我们前述关于时钟技术对人的生存活动的影响就是一个典型表现。在古代，人们计时主要依靠观察天象，日出而作日落而息，即便是皇室专用的计时器，也不如工业时代的钟表精确，同时，古代计时实质上是一种空间的时间化过程，空间的表征诸如季节、天象等给予人们时间指引，对于个体来说，反过来亦然，时间告知人们遵从自然以及如何在空间行动，并与内心的体验相一致，本质上是一种相互分离的现象。但在工业化时代，情况完全不同，时钟被纳入人内在的心理知觉中，与之相反，对自然节律的感受则被放逐到体验之外了。这种情况下，人们便不自觉地屈从于技术所带来的规制和钳制，我们被自己所创造的时空之网紧紧束缚住了，这并非自然的节律，而是一种物化的侵袭，导致了心理和身体的双重变质。对此，吴国盛先生讲得好：

> （钟表）这个机械规定了现代时间的尺度，而时间的尺度就是我们存在的尺度。现代人为什么疲于奔命，是谁逼的？没有谁，就是钟表逼的。只要你戴上表，就像孙悟空戴上那个金箍子，你就得疲于奔命。你接受了这个机器携带的那种时间观念，就是那种普遍的、单一的时间尺度，作为一种绝对律令在你的背后逼迫着你，你就得按照这个时间尺度来生活。你现在，像吃饭这件事情，就不是因为你饿了，是因为时间到了；你现在要睡觉，也不是因为你困了，是因为时间到了。这是现代人非常烦恼的一个地方，到时间了却睡不着，所以他有失眠问题。①

古代时间空间化，或者说时空在人的体验之外而独存，则相当于给人一个心理的独特空间，这是时间所不能侵蚀的地方。因而，也就有一种归属感。工业化的时间侵入了这个人内在的地盘，内在空间因之也就被外在时间性所控制，就造成了人的疏离感。近代以来，尤其是 20 世纪初，伴随着大工业的高度集中化，亦即形成了芒福德所谓的"巨机器"，诸多诗人、文学家等都哀叹人性美好的丧失、往昔田园般的时光一去不复返。大都与技术对人之生存时空的嵌入密切相关，我们已经成为技术的奴隶。《共产党宣言》对此说：

> 现在，我们眼前又进行着类似的运动。资产阶级的生产关系和交换关系，资产阶级的所有制关系，这个曾经仿佛用法术创造了如此庞大的生产资料和交换手段的现代资产阶级社会，现在像一个魔法师一样不能再支配自己用法术呼唤出来的魔鬼了。

---

① 吴国盛：《技术哲学演讲录》，中国人民大学出版社，2016，第 21~22 页。

从而，可以看出，吴国盛所说的近代以来钟表作为技术的代表，对于时空塑造影响极大，乃至成为一种内心的绝对律令。这在古代是不可想象的，因为这种技术的东西对人而言不具有神圣性，因而也就不能有内化于心的律令的效力。在古代，只有宗教与信仰才能如此影响人的精神。此外，古代的时间和空间是有丰富的感情蕴藏于其中。中国古代的孝道、祖先崇拜，西方的基督教信仰等都包含人的心理时空和身体所向往之处。从这个层面来看，古代的时间和空间是有目的、有意义的，人们的行动有着超越一般性"生存"之外的"生活"目的，这是精神的时空充实、意义的圆满指向。在资本主义工业化时代，技术的嵌入导致了纯粹的物欲导向，对物的获得、占有和炫耀成为生存和生活本身，但物并没有精神的完满层级，只是一种即时性的欲望的满足，而且是直接的需求，从而，物欲就没有目的可以达到，只能永无止境地追逐所谓更好、更多和更新的东西。这种状况就是马克思所谓的"物的依赖"。

可以说，当代技术对时空的侵入，以时钟为代表的诸种机械技术的时空之架构，所形成的完全是机器的冰冷之境域。这个状态我们前述称之为"空技"，即技术空间的内化与外化的粗暴杂糅。实际上，我们都能够感受到：技术中的时间，没有目的；技术中的空间，没有温度。当代资本主义物化的境遇中，技术与时空相互嵌构，"空技"之境域显现出一派空寂。

从唯物主义的视角来看，人的依赖阶段的生存方式必然向物的依赖方式演进，技术在其中起到了内禀性的推动作用，在这个过程中，资本和生产的压力又对技术对人生存的影响起到了内在化的作用。关于这一点，戴维·哈维关于马克思资本概念的分析，用到此处也是适用的。他说："实际上，只有对在生产本身这个环节上把资本生产出来的内在化过程进行详细的历史唯物主义研究，才能回答这个问题。"[①] 对于技术，也同样如此。当然，这并不是本书的主要任务。技术一旦被嵌入时空之中，它就被迫地内在化了，或者说人被迫地将技术内在化了。技术伴随着人的生存实践和行为活动的整个过程之

---

① 〔美〕戴维·哈维：《正义、自然和差异地理学》，胡大平译，上海人民出版社，2015，第75页。

中，并全部参与社会关系的塑造。毋宁说，技术已经成为人们生存方式的主体。它不断改变自身的形态和与人相合的方式，使得技术成为人本身的一个组成部分，并且人们身在其中而不知。这样的状态是工业化时代的典型特征。

也就是说，从生存方式的时空变迁来看，空间也是流动的，正如我们第一章所论述的那样，空间直观地表现为人们存在的一种关系模式，一种流动的、不断构成的交互性方式。同样，对于技术而言，它当然也是一种过程，对于人而言是一种过程，即自身不断分化、外化、对象化和内在化的过程，同时也是在空间中自行进化，成为人生存过程和内容的主体，而不是相反，在这个过程中，它不断改变自身的形态，或者表现为物质力量的手段，或者表现为社会关系的空间结构，从而二者相结合，一同塑造了人的生存方式的基本内涵。由此，正如我们前述的，可以称为"技术空域"或"空技"。进入网络时代以来，计算机和互联网技术日益成为人们日常生活的一部分，并从整体上形塑着人的生存方式，二者的间集（空间集合）达到了历史的顶峰。

第二节　人在"互联网+"空间之中的生存方式

我们前述空间与技术联袂，共同塑造了人们的生存方式。这实际上是说，"空间和时间是社会构造物"①，而从技术的视阈来看，时间被规训到空间的秩序和次序模式之中。技术虽是流动的、变迁的和过程的，但它一旦经由时空而固化，就会深入人心，把哲学范畴的性质强加在它们身上。无论社会强迫其成员接受这些范畴和形象，还是他们自觉接受和"吸收"，社会都是无意识的。对此，戴维·哈维接着说道：

> 例如，在现代社会，尽管时钟时间是一种社会构造物（技术的客观化、外在化），但我们还是将之作为日常生活的客观事实加以接受。

①　〔美〕戴维·哈维：《正义、自然和差异地理学》，胡大平译，上海人民出版社，2015，第238页。

它提供了普遍遵守的标准，不受任何个人的影响，我们依据它组织自己的生活，评估和判断各种社会行为和主观感受。即使我们不遵守它的时候，我们也深知自己反叛的是什么。[①]

这种情况导致了一种宏大叙事和历史理性，技术造成了异化和物化。但与此同时，技术不但从宏观上构建时空规训，也深入细微之处；技术不但有"巨机器"，也有极其微末的分支和渗透，计算机和互联网技术最能体现这一特征。互联网空间将整个世界连接成为一个时空整体，同时它的触角，以IP地址、客户端、PC和移动终端等为连接末梢，将个体的行为、交往和各种感觉紧密地网罟起来，构成了我们这个时代特有的生存方式。

一 从"存在"到"生存"

"存在"是哲学中的核心观念，从对人本身的反思来说，古今中外哲学都可以称为存在哲学。这本质上是以人为中心来对世界、自我和他者的界定与构造。不过，西方对于存在之思的哲学探赜，则是更为典型的。从其源头可以追溯到古希腊，巴门尼德说：存在者存在，它不可能不存在。……因为能被思维者和能存在者是同一的。[②] 这在亚里士多德《形而上学》那里被称为"有"，但并不是个别的、特殊的有，而是根本的、非其他意义的、纯粹的"有"，亚里士多德认为这也必定是实体。德国哲学家沃尔夫关于存在论的看法是，存在论是关于存在一般或存在之为存在的科学。从而，我们看到，关于存在的研究，是超越了个体的、个性的、感性的存在者。从本质上而言，近代科学（以牛顿力学为代表）和理性哲学（以笛卡儿为代表）继承了这一衣钵，从这个意义上来说，科学与理性反叛了传统的信仰和形而上学，但是努力构建新的宏大叙事，这与科学追寻的统一性宇宙图景不无关系，技术也

---

① 〔美〕戴维·哈维：《正义、自然和差异地理学》，胡大平译，上海人民出版社，2015，第240页。

② 北京大学哲学系、外国哲学史教研室编译《西方哲学原著选读》，商务印书馆，2003，第31~33页。

在这个背景中，作为存在的基质和骨架，发挥着维系一般性存在的根据。

如果从"巨机器"的角度来看，互联网空间从根本上并没有改变资本主义所构筑的生存方式，恰恰相反，它在某种程度上还强化了时空的物化属性。但互联网空间给超越资本主义"物的依赖方式"提供了一条出路，这正在于，在这个空间中，虽然外壳是冰冷的构架，但是其内在的个体的、感性的存在者，包括人已经能够释放自我的情感、意志和心性。直接来说，技术在古代对人而言是"异在"的，到了资本主义时代，技术则是异化或物化人，但同时又与人共在，人被其钳制和规训。人在其中是被动的、无意识的、均质化的。但互联网技术的发展，突破了这样的钳制和规训，它在构筑世界新的时空模式的同时，也提供了在整体性中局部穿越和互渗的通道。

因而，对于互联网时代的生存者来说，人在一定程度上具有之前所没有的主动性和自主性。从这个意义上来看，互联网时空中生存的含义，更为突出地表现为以下两个方面，一是生成，二是存在。前者表明人的时间性，后者则是空间性，但二者并非截然分开，生成即存在着，存在也即生成着，生成是人的本质力量在空间中不断涌现，存在是人的本质力量在时间中不断沉淀。互联网技术以及由之而导致人的生存方式的变革，与西方哲学的发展具有内在逻辑一致性。西方哲学在 19 世纪下半叶和 20 世纪初，开启了向现代哲学的转向，即从理性转向了非理性，从本体论转向了存在论，从宏大叙事转向了生活世界，从本质主义和基础主义转向过程论和解构主义。

这是一个松散的开枝散叶，就如互联网和计算四通八达、无所不在的光纤电缆。互联网空间的生存状态与此甚为契合，从思维方式上来说，互联网空间摈弃了思辨式的、概念体系化的叙述和单向度的信息传输，摆脱了被动接受的交互方式，以及理性主义的思维模式；在对象上，从侧重一般性的、总体性的"存在"，转向聚焦为"生成与存在"的过程展现，即人的生活、生存样态；以至于有的思想家和哲学家放弃了某种宏大体系的构建，并且在关涉到生活世界和具象存在的概念范畴上，也从承载着深厚西方哲学传统的"存在"（be），转而使用"生存"（exist）之类的范畴。

在互联网空间不断生成的这个过程中，亦即在技术的基础上所形成的新的虚拟空间和数字化空间，人们的生成和存在蕴含了个体的所有情感和意志，这是在以往的自然时空和技术空间中所不能见到的。譬如，纸质版的信息载体如书籍、报纸等，是单向度的，个体只能被动接受信息源说传达的各种观念、思想和意志，对此，绝大多数人在纸质媒介的空间架构中是沉默的。虽然人们可以表达自己的行为，但需要各种程序的规约。对于此，戴维·哈维说道："社会的时间和空间社会构造物并非无缘无故产生，而是各种时间和空间形式塑造的，人类在为生存而进行的斗争中遭遇它们。"①

对于"人的依赖"的生存方式来说，从整体上而言，人们为生存而进行的斗争遭遇的主要是自然的境遇，这种境遇中虽然有着客观的力量，但人们的心理力量可以将之视为有价值和情感的意蕴。但在"物的依赖"的时代，似乎有这样一种倾向，资本和工业大生产所塑造的时空一开始就是完整成型的，就像是自然的那样，似乎类似我们前述所举的"引力"的例子，它伊始就是完美存在的，因而，也就是社会化、内在控制的技术空间固化了人们的生存方式。譬如，20世纪初以来的泰勒制流水线作业、整齐划一的军工力量等。

这也可谓是戴维·哈维所说的："在任何一种情形中，新的地方网络（此处并非指网络空间）诞生，被构造成嵌入大地上的固定资本和矗立在大地上的组织化的社会关系、制度等构型。"② 显然，资本和技术联袂，将传统空间打破之后，就建立了自己的永恒王国。人们在其中没有生成的可能性，因为资本的本质就是确定的。虽然在技术空域中始终存在着张力，譬如阶级之间的斗争、资本派系之间的投机与豪夺，但对于存在于其中的人来说，只能是一个看客。

互联网空间在某种程度上改变了这样的一种状态，虽然关于资本和技术的生成过程，以及人的身体在其中存有的方式并没有得到根本的改变，但是

---

① 〔美〕戴维·哈维：《正义、自然和差异地理学》，胡大平译，上海人民出版社，2015，第239页。
② 〔美〕戴维·哈维：《正义、自然和差异地理学》，胡大平译，上海人民出版社，2015，第339页。

人——感性的、个体的、血肉之躯的人，能够冲破资本时空的束缚而展现自我的意识。实际上，西方现代哲学家很清楚地看到了这一点。西方马克思主义者布洛赫则把人看作是"尚未存在"，对人来说，其本质并不是天生给定的或者是后天界定的，人不是"引力"。人就其生存而言是不断超越的，且是不断生成的。从唯物主义实践的角度来看，人即是不断凭借对象化活动创造世界和创造自己。"人总是前面的那个他……我在，但是我并不拥有我自己，因此，我们才处于形成过程之中"。① 关于这样的看法，存在主义的表述更为精妙，海德格尔说："存在总是某种存在者的存在"，这就将抽象的本质化的"存在"拉下了神坛，走向了人间烟火，从而"存在者"的内在的含义不仅仅是"存在"，而是在世界之中的日常生活存在。也就是说，存在的问题在此已经被归结为个体的生活范畴，从生活世界的日常行为中加以析取，而并非从一个抽象的实体中进行演绎。

海德格尔把这样的存在者，或者说把"人"称为"此在"，此在的"本质"在于它的生存，即被抛入"此在总是从它所是的一种可能性、从它在其存在中这样那样领会到的一种可能性来规定自身为存在者"。② 反过来说的意思就是，如果要把自身规定为存在者，就需要领会自身所是的一种可能性，也即是"去生存"。这样的情况可以称为本真的存在，从而区别于技术空域中的"常人"。海德格尔认为："常人本质上就是为这种平均状态而存在……此在作为日常共处的存在，就处于他人可以号令的范围之中。不是他自己存在；他人从它身上把存在拿去了。他人高兴怎样，就怎样拥有此在这种日常的存在可能性。"海德格尔对此继续形象地描述道：

在利用公共交通工具的情况下，在运用沟通消息的设施（报纸）的情况下，每一个人都和其他人一样。这样的共处同在把本己的此在完

---

① 〔德〕恩斯特·布洛赫：《希望的原理》（第 1 卷），梦海译，上海译文出版社，2012 年，序，第 1 页。
② 〔德〕马丁·海德格尔：《存在与时间》，陈嘉映、王庆节译，生活·读书·新知三联书店，2014，第 51 页。

全消解在"他人的"存在方式中，而各具差别和突出之处的他人则更其消失不见了。在这种不触目而又不能定局的情况中，常人展开了他的真正独裁。常人怎样享乐，我们就怎样享乐；常人对文学艺术怎样阅读怎样判断，我们就怎样阅读怎样判断；竟至常人怎样从"大众"抽身，我们也就怎样抽身；常人对什么东西愤怒，我们就对什么东西"愤怒"。这个常人不是任何确定的人，一切人——却不是作为总和——倒都是这个常人。就是这个常人指定着日常生活的存在方式。①

这种常人的存在方式，在很大程度上等价于马克思所谓的"物的依赖"的存在方式。常人指定着日常生活方式，这个常人即是一般性的时空背景和技术空域。在互联网时空出现之前，通信方式、信息媒介和物质生产技术手段等，都是单一源头向外"倾泻"公众意见和资本意志，为个体的生存生活提供了固定化的模式，资本的独裁和对人的控制——通过物的符号化、拟像和象征消费——构成了人们异化和物化的生存状态。海德格尔接着说："庸庸碌碌了，平均状态，平整作用，都是常人的存在方式，这几种方式组建着我们认之为'公众意见'的东西。公众意见当下调整着对世界与此在的一切解释并始终保持为正确的。……常人到处都在场，但却是这样：凡是此在挺身出来决断之处，常人却也已经溜走了。"② 在此情况下就臻于本真的生存状态。"本真的自己存在并不依栖于主体从常人那里解脱出来的那样一种例外情况；常人在本质上是一种生存论上的东西，本真的自己存在是常人的一种生存变式。"③

正如技术进步使得人们从"人的依赖"阶段进入"物的依赖"阶段一样，互联网技术的进步也导致了常人状态的部分程度的改变，虽然并不是从根本上动摇了资本的技术空域，但它毕竟打开了本真存在，也就是在互联网时空中能

---

① 〔德〕马丁·海德格尔：《存在与时间》，陈嘉映、王庆节译，生活·读书·新知三联书店，2014，第147页。
② 〔德〕马丁·海德格尔：《存在与时间》，陈嘉映、王庆节译，生活·读书·新知三联书店，2014，第148页。
③ 〔德〕马丁·海德格尔：《存在与时间》，陈嘉映、王庆节译，生活·读书·新知三联书店，2014，第151页。

够部分地展现本真的自我，从而不断地去"存在"，去"生存"。这是互联网的
技术本质所决定的。互联网空间与以往的技术空域不同的地方在于，它是分散
性的，去中心化的。每个网络终端并非单纯的信息接收者，也是信息的发送者，
个体——以往的常人——在这种空间交互模式中，具有表达自己情感和意志的
途径。同时，这种本真的自己表达是不经修饰的，在正常情况下——非暴力、
违法或煽动等严重负面行为——具有匿名的特性，匿名特征能够去除常人状态
中的种种伪装，从而真实披露自己的内在想法。从而能够表达本真的自己有机
会拆除某种程度的伪装，表明了互联网空间关于人的本质和生存的重大变迁，
在这种时空状态下，人在一定程度上摆脱了"物的依赖"，而在有限的范围内复
归到内在的思想和体验之境域，这就是我们所谓的人的"反思"之自我意识的
生存境况。西方启蒙运动时期的诸多思想家对人的这种内在质素高度赞扬，但
技术和物化导致了理性和思想的僵化、本质化，互联网空间在部分程度上将这
个技术资本物化的空间加以"变式"，帕斯卡尔曾说道：

> 人只不过是一根苇草，是自然界最脆弱的东西；但他是一根能思想
> 的苇草。用不着整个宇宙都拿起武器来才能毁灭他；一口气、一滴水就
> 足以致他死命了。然而，纵使宇宙毁灭他，人却仍然要比致他于死命的
> 东西更高贵得多；因而他知道自己要死亡，以及宇宙对他所具有的优
> 势，而宇宙对此却是一无所知。[1]

这表明了人对自身价值的认识，并且在整个的生存的方式上，互联网空
间澄清了人的存在的意识性、自我性、本真性和"去生存"的自觉性。

二 加深了与世界的"根本关联"

令人感到惊奇的是，当人具有自我意识，从自然界中脱胎而出，他不单单
是有着高于其他存在物的优越感，更为直接地来说，是他面临一个陌生的世界。

---

① 〔德〕布莱兹·帕斯卡尔：《思想录》，何兆武译，商务印书馆，1985，第176页。

人的本能，即与自然的节律和时空的结构通过无意识相契合的那一面，逐渐地退出生存活动中的主要地位，人的生存实践及存在的方式，被意识、反思的对象所支配，这即是我们前述马克思所言的关于"人和物的依赖"生存状态。从而，人们首要的迫切的愿望，并不是斩断这种依赖，而是加深这种依赖，换言之，人渴望将自身更为深入地融入世界时空之中。正如科学告诉我们的，自然界厌恶真空，与此类似，人也厌恶无根的漂泊状态。技术是臻于这种与世界融入的一种手段，也是一条路径。通过技术人们一方面不完全依赖自然，另一方面实质上加深了人与世界的根本关联，即是一种在家的情态融入。

互联网空间作为一种数字化技术生成的虚拟世界，它在自然的、物理的或现实性的世界之外，重构了一个与此具有整体性结构对应的数字化世界，这也许可以类比于"镜中月"，它们二者看似如有若无，但关键在于镜中之月是一种人的对象化和创造性的产出，这种产出几乎具有等同感知和心理上的同等效应。在这样的情态和境遇中，人在其中的依赖不是单纯的人，也不完全是纯粹的物，而是触及自我的一种本质性的存在。马克思在《1844年经济学哲学手稿》中阐述道：

> 人作为自然的、肉体的、感性的、对象性的存在物，同动植物一样，是受动的、受制约的和受限制的存在物，就是说，他的欲望的对象是作为不依赖于他的对象而存在于他之外的；但是，这些对象是他的需要的对象；是表现和确证他的本质力量所不可缺少的、重要的对象。说人是肉体的、有自然力的、有生命的、现实的、感性的、对象性的存在物，这就等于说，人有现实的、感性的对象作为自己本质的即自己生命表现的对象；或者说，人只有凭借现实的、感性的对象才能表现自己的生命。说一个东西是对象性的、自然的、感性的，又说，在这个东西自身之外有对象、自然界、感觉，或者说，它自身对于第三者来说是对象、自然界、感觉，这都是同一个意思。①

---

① 《马克思恩格斯文集》（第1卷），人民出版社，2009，第209~210页。

　　互联网技术及其虚拟现实的数字化生成,在很大程度上将人及其对象性的、自然的、感性的、肉体的和感觉的等在网络空间中得到具有整体性结构的整合,从而加深了人与世界的根本性关联。对此,互联网技术,或者广义上说,正如海德格尔所认为,科学技术的发展是一种解蔽,尤其是他对古希腊"技艺"的看法,认为这是一种人与自然的在认识和艺术层面上的和解。对此海德格尔说道:

　　　　技术是一种解蔽方式。技术乃是在解蔽和无蔽状态的发生领域中,在 ἀλήθεια〔无蔽〕即真理的发生领域中成其本质的。①

　　人们为什么需要解蔽呢?因为人们需要"产出",并将这种产出之物与人的存在尺度相适应。也就是说,对于其他物种本能的生存方式来说,自然的规定就是某个物种的行为范畴和行动规范。对于人这个物种来说,自然的产出并不能完全满足人的尺度之需求,同时,自然的涌现也不能让人获得与自然的融入性,也就不能够臻于人的追问和实践所冀求的相合状态。这种状态即是从人与自然、他人等时空的疏离中解脱出来,复归于生存的"天人合一"。海德格尔在《关于人道主义的书信》中说道:

　　　　在《存在与时间》第 38 页上,我曾经写道,哲学的一切追问都要"回到生存中去"。但在这里,生存(existenz)并不是 ego cogito〔我思〕之现实性。生存也不只是众多互随互为地起作用并且因而达到其本身的主体之现实性。与一切 existentia〔实存〕和"existence"〔实存、生存〕根本不同,"绽出之生存"是爱存在之切近处的绽出的居住(das ek-statische Wohnen)。绽出之生存乃是看护(wächterschaft),也就是为了存在的烦。②

_____

① 〔德〕马丁·海德格尔:《演讲与论文集》,孙周兴译,生活·读书·新知三联书店,2011,第 12 页。
② 〔德〕海德格尔:《路标》,孙周兴译,商务印书馆,2001,第 404 页。

"烦"有的翻译为"操心",那么人的生存境况究竟何以至此呢?从空间性的角度来看,海德格尔认为:

> 我们若把空间性归诸此在,则这种"在空间中存在"显然必得由这一存在者的存在方式来解释。此在本质上不是现成存在,它的空间性不可能意味着摆在"世界空间"中的一个地点上;但也不意味着在一个位置上上手存在。这两种情况都是世内照面的存在者的存在方式。但此在在世界"之中"。其意义是它操劳着熟悉地同世内照面的存在者打交道。所以,无论空间性以何种方式附属于此在,都只有根据这种"在之中"才是可能的。而"在之中"的空间性显示出去远与定向的性质。①

从中可以看出,在人的生存方式中,以空间性来审视之,人虽然处于世界之中,但与世界并不是一种融入的关系,而是有着疏远和茫然的状态,为了解决这个生存的窘境,逐渐实现人之存在与交互的切近性,人不断地操劳着,时刻处于焦虑、畏和怕之中,希冀在生存的场景中臻于"去远"和"定向"。我们前面几章已经论述,"互联网+"空间的技术禀赋在于信息的传递与双向交互。在古代的技术中,这样的空间阈限内的即时性"在之中"照面是之前从来没有的事情。从这个意义上来说,"互联网+"空间的生存方式之要义则在于在世界之中的去远。这本身就是深化了空间及其事物的上手之特性,身体、精神、心智在互联网空间中遨游,呈现出一种较之以往比较自由的状态。操心或者说"烦"是以往生存方式中沟通的局限、信息的隔绝以及身体在空间之中的有限性。

操心之作为此在的存在状态,关涉到"在世界之中存在"源始的、始终的是一个整体结构。但是人的生存方式中的空间性并非显现出整体的结构性特征,而是一种被抛于世的沉沦状态。正如海德格尔所言:"在世总已沉

---

① 〔德〕马丁·海德格尔:《存在与时间》,陈嘉映、王庆节译,生活·读书·新知三联书店,2014,第122页。

沦。因而可以把此在的平均日常生活规定为沉沦着开展地、被抛地筹划着的在世，这种在世为最本己的能在本身而'寓世'存在和共他人存在"。在传统的技术空域中，因身体性地被抛入世界，而在现实性空间中的有限性，人们总是感到一种"畏"和"怕"，从反思性上来说，这是对位置的恐惧，同样清醒的怕，也是被抛入世界之中的迷惘。由此，我们可以看出操心或者烦的技术空间源始意义，操心揭示了人被抛入一个陌生的、不能把握或难以融合的处境。这实际上是人们与世界在意识层面和行动领域的断裂。人们不能够明晰自身在空间中的位置，因此也就不能够与世界、他者形成一种密切的关联，包括信息的交互、呐喊或者心理的吐露。从而，在根本上，这就造成一种不在家的情景。不在家从空间性来看，即是人的生存方式是一种无根的情景，人不能够掌控周围的环境，对未知的时空既充满着探究根本的好奇，也怀抱着小心翼翼的惊惧。也即是说，当人们猛然从自我意识中脱胎以来，人们面对的是一个极为陌生的世界，这空间充斥着不可名状的事物，而人们也必须依赖它，但又不能完整地与之相融合，这种被抛入的状态需要一个技术和空间的解决路径。这种状态亦类似于海德格尔所言：

> 现身情态表明"人觉得如何"。在畏中人觉得"茫然失其所在"。此在所缘而现身于畏的东西所特有的不确定性在这话里当下表达出来了：无与无何有之乡。但茫然骇异失其所在在这里同时是指不在家。在最初从现象上提示此在的基本建构之时，在澄清"在之中"曾被规定为缘……而居，熟悉于……安定熟悉地在世是此在之茫然失所的一种样式，而不是倒转过来。从生存论、存在论来看，这个不在家须作为更加源始的现象来理解。①

从技术空间的日益生成且更新来看，人绝不会就此而沉沦，反而是要打

---

① 〔德〕马丁·海德格尔：《存在与时间》，陈嘉映、王庆节译，生活·读书·新知三联书店，2014，第218~219页。

破这种不在家的状态，通过技术的手段扩展自己的身体，并安抚自己的畏惧之情态，从而逐步重新臻于类似于无意识的融合情景的在家的境域。这实际上是说，人们通过技术日益弥合自身与世界的裂痕，或者说是通过技术将身体、自我重新复归于自然之所是而与人的意愿和意识相融入。从这个意义上来说，"互联网+"空间在技术空域的层面实现了"人不再失其所在"。在互联网时代，信息瞬息可以穿越时空，从遥远的空间地域两端瞬时地"去远"，这种交互性和时空在微观层面对宏观的可及性、触及性以及上手性，都昭示了互联网空间中，人在之中与世界之关联的深入性。

从定向的角度而论，互联网空间与传统技术和生存空间的定向性截然不同。正如本书第二章所论述的，互联网开辟了一种元空间——新型的空间形态。这种空间形态较之以往重新赋予了定位的意义，是在数字化的层面，而非身体和物理的层面，但正是这种虚拟的数字化的生存方式，更为加深了人与世界的关联性。在某种程度上，互联网空间超越了传统的定向性和定域性空间模式，而形构了一个开放的、无限的空间形态。

如果考究一下人们定居的历程，这一点是很明显的。古代的定向与定居有着直接的关系。正如刘易斯·芒福德所说："须知，远在城市产生之前就已经有了小村落、圣祠和村镇；而在村庄之前则早已有了宿营地、贮物场、洞穴及石冢；而在所有这些形式产生之前则早已有了某些社会生活倾向——这显然是人类同其他动物所共有的倾向。"[①] 关于定居与空间之关联，《墨子·经说上》："宇：东西家南北"。方立天对此释义道："宇"，寓，空间。"所"，方所、处所、方位，即具体空间。"家"，住宅。"弥异所"，"东西家南北"，是以生活作息的"家"为中心，区分东南西北。这就使得人在农业时代以家为世界之据点而有了定向的存在。从源始性的意义上来说，定居是一种人的自然属性，但是超越了普遍性物种的生存尺度，是为了寻求安全、掩蔽和繁衍的需求。在这个基础上，定居的技术和形式不断发展，村

---

① 刘易斯·芒福德：《城市发展史——起源、演变和前景》，刘俊岭、倪文彦译，中国建筑工业出版社，2005，第3页。

落、城市和乡土等，都成为人们寻求定向的"寓世"的方式。人们通过土木技术、引水技术等，构造了真正意义上的属人的空间寓所。而这种空间寓所及其形式不但是人们本能的需求，更是自觉的制订和产出。定向，以及由之而生的定居，乃是人内在的本质力量，它需要通过某种途径将这种本质力量外在化，形成物质空间形态，并发挥满足人之需求的功能性作用。

这种定居与定向的一个功能之表现，是政治方面的。如《周礼·大司徒》曰："以土圭之法测土深，正日景，以求地中。"① 《论语·尧曰第二十》说："天之历数在尔躬，允执其中。"此处的"中"有测影之表的含义，与《周礼·大司徒》的"中"相结合来看，古代君主的权力与观察天象、确立时间的能力有关系，因为这与人们的生产生活密切相关，而且具有神秘主义的气息，垄断天文观测也就是掌握着绝对的权力。立表测影的"中"逐步演化为君主权力的所在地，或者说是统治的中枢。《尚书·召诰》曰："王来绍上帝，自服于土中。"显然已经形成了以都城为中心，向四方延伸而有边缘的地理疆域空间观。从政治控制和社会治理的角度看，"中"意味着对周围空间的绝对掌控，也表达着一种理想的和谐状态："中也者，天下之大本也；和也者，天下之达道也。致中和，天地位焉，万物育焉。"我国古代的政治大一统也表现为空间的定居之制订。从大一统的疆域领土空间意识而言，"中"也可谓是"中国—四方"观念的发展演变，肇始于商朝，雏形于周，发展于春秋战国，一统于秦汉。这是一种以"王"为中心的"权力—疆域"政治方位结构。周朝制度和文化因袭于商，在天下观和空间观方面的表现较为明显，《诗经·小雅·北山》有诗云："溥天之下，莫非王土。率土之滨，莫非王臣。"

从生存的整体性上而言，在定居之定向中，人与世界似乎保持了某种稳定的联结，在一定程度上抵消了与世界的疏离之感和无根之漂泊状态，因为空间有中心，也就成为人们生存方式的依赖的根源。在这样的一种情境中，伴随着农业和养殖的技术解蔽，深深加强了存在的关联。在此基础上，人能

---

① 徐正英、常佩雨译注《周礼》，中华书局，2014，第219页。

够观察到动植物的出生、成长和死亡的直接过程，也就将自身的生命与之融合，获得一种连续和延绵的秩序性。这种秩序性与自然的节律是相符合的。刘易斯·芒福德说道："出身和住处的基本联系，血统和土地的基本联系，这些就是村庄生活方式的主要基础。"①

但是这种关联是以人的依赖为基础，正如进入资本主义社会以后，传统的定居、血缘和中心观念等空间之存在样态均被打破了。技术的发达涌现出了自然所没有的东西，技术产出之物淹没了人，使得人进入物的依赖阶段。但无论是哪一种依赖，都有一个较为重要的缺陷。在以人的依赖为主的农业时代，空间的定向与定居是定域性的，也就是人的存在与世界的关联仅局限在身体及工具上手的范畴之内。在物的依赖阶段，人的定居和定向再次在物欲与异化中迷失，人的存在与世界的关联只是通过物才能达至某种空间性的"去远"和"定向"，或者说有一种归属感和在家感。但是，物的易逝性的特征，以及永远无止境的物化的进程，导致了物的依赖生存方式下的归属感终究是短暂的。同样，现当代的资本主义的城市虽然也是定域性的，但与定向没有直接的关联了，因为在物欲中人再次迷失了自我，这即是海德格尔所谓的沉沦。以芒福德的话语来讲：

> （现代城市是）一个没有根基的世界，远离生命的源泉；一个火成岩般的世界，生命形式都被凝结成了金属；城市无目的地扩张，切断了一切本土存在的联系、糟蹋自己的家园，犹如水中捞月；纸面上利润越来越多，生活越来越被间接的代用品所替换。在这种制度下，越来越多的权力集中到了越来越少的人手中，离真实越来越远。②

从而，就技术的发展阶段性而言，农业社会和工业社会的传统空间的基

---

① 〔美〕刘易斯·芒福德：《城市发展史——起源、演变和前景》，刘俊岭、倪文彦译，中国建筑工业出版社，2005，第3页。
② 〔美〕刘易斯·芒福德：《城市文化》，宋俊岭、李翔宁、周鸣浩译，中国建筑工业出版社，2009，第294页。

本生存方式是定向性和定域性，由此构成了生存的目的性和结构性特征。在传统时空观中，每个人从出生、成长到死亡，都被安排好了生命的节点和应该进行的活动。我们深切知道我们生而去向何方，我们如何行动。每个人的角色在出生之时都一定被拟定成型。这个角色是泛指，而非具体的某个职业，比如说科学家、军人等。此处的角色指的是我们将在社会中扮演某一固化的样式，它与社会结构的稳固性有着直接的关联，也即是传统社会的层级化和生存方式的外在化，角色扮演是传统空间的均质性特质的典型体现。例如，我们都为了名誉、地位、金钱而存在着。工业时代的一个重要的特点，就是角色的分配与凝固。工业实质上是定域性的，均质的空间被分割成互不相通的模块，在特定的三维空间中，人们的生存和生活只能受到其周围力量的影响，空间蕴含的情感、道德和位置，亦即矢量和目的性，成为人们存在的指引和行动的媒质。

互联网空间存在的非定向性，或者说是非定域性。非定向性和非定域性是指超越了传统空间的矢量性特征和三维结构模式，这两种特性表明了一种物理空间中的"定居"和"稳固"；同时也超越单纯的物质需求——因为这是建立在本能之上，物化的技术是对空间壁垒的冲破，满足本能的冲动和欲望的释放；同时也摆脱了宗教空间至高道德和神圣指向，互联网空间的生存是多元的、祛魅的、自性的，物欲的本能在此通过精神而得以运化，是自然的精神敞露的无维度空间。现实性的伦理和道德被运化为自组织的空间脉络之涌现，神圣性在此永久被放逐于无彼岸的虚空。从而，在互联网空间，人们的走向与行动是选择的自我性，决定的自主性和创造的自为性，这种生存状态是开放的、动态的和自生成的，从而人在自己所产出的互联网元空间和新型空间中实现了与空间性的深入关联。

三　互联网空间统合了生存的时间性

在西方启蒙运动的哲学思想中，时间是比空间更为重要和基础的东西。这实乃由进步的观念所引致。福柯曾说："空间被当作僵死的、刻板的、非辩证的和静止的东西。相反时间是丰富的、多产的、有生命力的和辩证的。"这种状况与我们前述的定域性和定向性有直接的关系，目的是保持文化及生存方式的稳定性。这对于"人和物的依赖"存在方式的社会交互和传承是非常重要的。同时，近代以来的空间的背景化、几何化特征与当时的科学技术不无关系，神学空间的破碎、牛顿力学的兴起，引致了这样的空间生存境域。

正如印刷技术的成熟，导致书本是文化和传统固定和交流的物质文本一样，传统空间是作为一种无形的文本，虽然它是人们实践的产物，但是一旦传统空间形构成型之后，就成为具有固定和僵化特征的社会结构和"先见"，人们生存于其中，对空间及其行为方式的接受、选择和重构不是完全直接的反映，而是有过滤性的偏向和取舍过程。这个过滤性选择过程受到了时空和技术，亦即人们的生产力和生产关系建构的"认知图式"强有力的影响和制约。此处我们所谓的认知图式并非康德哲学所谓的先验图式或哲学中的"先验模式论"，而是指人作为一个能动的自由的个体，在实践活动中形成的思维模式、认知结构、知识水平、理论框架和概念范畴等。恩格斯对此说道：

> 历史的每一阶段都遇到一定的物质结果，一定的生产力总和，人对自然以及个人之间历史地形成的关系，都遇到前一代传给后一代的大量生产力、资金和环境，尽管一方面这些生产力、资金和环境为新的一代所改变，但另一方面，它们也预先规定新的一代本身的生活条件，使它得到一定的发展和具有特殊的性质。[①]

人们在此基础上对空间事物表征出来的信息加以选择和接受，形成个体的认识和观念。这也可以称为人的社会化，因而，在传统空间中，人们的生存方式与社会的时空关系存在结构性的对应，瑞士学者让·威廉·弗里兹·

---

① 《马克思恩格斯文集》（第1卷），人民出版社，2009，第544~545页。

皮亚杰在谈到结构时指出其三个特性：整体性、转换性和自身调整性。[①] 从而，人们在传统空间中，具有结构的稳定性和框架性特征。但是，这些方面对于互联网空间则是被颠覆的，互联网空间不是文本，而是一种超文本的无穷尽的链接和跳转，互联网空间的居住者也不是读者，而是真实的数字化实践，在其中，个体不必深度依赖传统的"先见"和认知图式，也不具有宏大叙事的整体性，同时也并非需要转换，因为互联网空间本身就是碎片化和耗散型的存在状态。

从生存的角度来看，时间表现为一种过去、现在和将来的事态，我们知道，互联网本质上是一种信息技术，是处理数字化空间中的信息分布、叠加、储存和传输的。在计算机和互联网的技空领域，CPU 的频率即时钟信号相对于我们日常生活所感知的时间而言，几乎可以忽略不计，或者说是"须臾"。在互联网空间所发生的事件，不再如原子所构成的物理空间那样，是一种不可察觉的连续的状态，而是一种离散的、断续的和非连续的过程，虽然这同样表明了一定程度上的时间性，但有一个重要的特点，即它表明了时间是可以分割的。

此外，计算机和互联网的生成是在有限的物理硬件范围内，但其却形构了无限丰富的新世界，这个新世界与自然空间在时间的流逝性、事件的生成性等方面是不完全一致的。时间性被囿于空间的规制和制订之结构中，在互联网事件生成之后，人作为一个实体外在于这个空间，但通过身体和情态融入互联网空间及其信息世界之中，从中获得某种信息、场景、情感和超文本的获取。对于日常的空间来说，互联网空间的信息传输也可谓是须臾而至，似乎时间性在此已经被速度性消解在空间的规制和产出之中。这当然并非说，时间完全不存在了，而是说互联网空间压缩了时空，将现实时间的三种态势，转换为一种永在当下的空间性。在很大程度上可以如是说，如果有意忽略互联网空间中的事件所标注的物理时间的刻度，那么这些互联网空间中的事件对于我们而言就是永久的当下。

---

① 〔瑞士〕皮亚杰：《结构主义》，商务印书馆，2010，第 3 页。

按照海德格尔的看法，他将此在与时间性连接在一起，在现实物理空间中，如前所述，时间性可以分为过去、现在和未来，与此对应的"此在"生存方式有三种："沉沦态""抛置态""生存态"。实际上，我们可以认为，这几种时间性的生存状态一方面对应着物理时空的存在境况，另一方面对应着技术所构建的人的生活情态。但在互联网时空中，这几种态势从一定程度上来说是即时地纠缠在一起的。互联网空间作为一个新型的数字化空间形态，通过各种技术链接手段不断将不同地区、不同时差，甚至不同时代的人联结在一起，而且将个体的过去、现在和未来一同呈现在界面（显示器、手机屏幕等）之上，与人进行无时间性的"凝视"和"面对"。

这类似于电影的"蒙太奇"手法，但是电影或电视，只是单向度的，并不能使得人能够通过身体的触知进行情态的融入，也不能进行即时的活动与沟通，电影和电视只能在现实的物理时间中展开其空间性的特征。这种文本与纸质的书本本质上类似，但互联网空间是属于"超文本"和"超链接"的情景，"超文本"和"超链接"的特性意味着"互联网+"的超空间。我们前面几章较为详细地论述互联网空间的基本特性和技术禀赋，在这种空间中构成了人的与以往物理时空不同的空间性和时间性，如果将空间视为写入的文本，互联网空间的超文本就决定了时间性被消解于空间性之中。或者更准确些说，空间与时间在"互联网+"的技术基础上实现了一定程度的统合。

"互联网+"技术是一种否定之否定的发展。正如我们之前所论述的，农业时代的技术须遵循天时农事，传统的时空之中是充满了价值和情感的，这是因为时间和空间不是均质的、平直的，这也是人的依赖的生存方式的技术时空表征。到了资本主义大工业生产时代，技术创造的"物"不再完全受制于自然的产出和时空节律，所有事物包括人都被"物化"，物的依赖的生存方式成为单一和均质时空的直接表现，这个阶段空间之中的人被抹平了，人的生存方式也是以"物""消费"等为标志的单向度。但"互联网+"所生成的空间在一定程度上是对此的超越。一方面，互"联网+"技术建构了新的空间形态，这既不同于农业技术条件下的时空，也不完全与资本主义大生产技术下的时空相一致，它在一定程度上容纳了农业时空的情感性，但同时也保留了工业时空的"物化"特性。这表明，人仍然生存在物的依赖时代，但人们意识到自我的生存之目标不仅仅在于物，而有着更高的解放或自我实现的需求，"互联网+"技术时空，既是人们的创造力的迸发，也是人们情感的逗留之地，它的数字化的、虚拟的时空存在，给人们提供了新的生存态势，即虚拟生存方式。"互联网+"所塑造的这种既保留又超越传统空间的"扬弃"场景，正如戴维·哈维所说的那样：

> 马克思的自我实现政治学强烈地依赖对非异化关系的重新获得，不仅人类之间的伙伴关系，而且对自然的创造性和感性经验，资本主义工业使它们陌生和迟钝。正是那些条件使得"最无愧于"我们人类本性与自然的关系仍然晦暗不明。……必须找到某种方式来完成解放和自我实现的目标，同时又不放弃启蒙观点，即现代科学、工业和技术为人类从自然界限中解放出来提供了工具，这种界限把人类禁锢在一种永恒的需求、生活机会的不安全感以及满足的缺乏状态中，而那些东西是创造性力量的必要基础。①

第三节 "虚拟现实"的生存整体性结构

"虚拟现实"（virtual reality）就其本质而言，是一种数字化的 3D 技术影像呈现，国内对"virtual reality"的翻译并不一致，有的翻译为"灵境"，有的翻译为"虚拟实在"，但其缩略用法都是"VR"。从技术的角度来看，虚拟现实是这样一种技术手段和结果，即在计算机软件和硬件、光电传感技术、图形处理器和图像生成系统的共同支持下，形成的一系列模拟人的感觉

---

① 〔美〕戴维·哈维：《正义、自然和差异地理学》，胡大平译，上海人民出版社，2015，第143 页。

信号，如视觉、触觉、听觉等，生成特定的与现实物理世界相对应的数字化图景，人通过特制的服装、手套、眼镜等，可以体验到与真实世界几乎一致的场景，同时这种场景能够同样激发人的具有实在性的感知、心情和精神状态。这种方式在游戏中常常用到，使得人在进行游戏的时候有身临其境的体验。

就当前的技术水平来说，通过光电技术投射，人们就可以看到栩栩如生的虚拟的东西，如一朵玫瑰花，是通过 3D 投影技术实现的。如果从计算机模拟生成数字信号投射来说，虚拟现实技术在 20 世纪 60 年代已经出现，80 年代虚拟现实技术已经飞速发展并日趋成熟，到了 21 世纪的第二个十年，虚拟现实技术再次成为热点。虚拟现实应用极为广泛，且具有很高的商业前景。如飞机、汽车模拟训练、自动驾驶，外太空探索模拟环境，人体内部医疗建模、网上购物在线试穿、虚拟博物馆、虚拟旅游等。从这个技术性的意义上来说，人们已经离不开虚拟现实技术，虚拟现实技术已成为人的生存方式的一部分。

从人的生存方式来看，或者说，从广义上来说，即将虚拟现实不仅作为一种技术手段的光电图像和知觉通感，同时也将其看作人的一种创造力、现实活动和精神世界的结合，虚拟现实并不是当前互联网技术所独有的现象，但当代的虚拟现实之生存情态却是独一无二的。

以色列的著名历史学家尤瓦尔·赫拉利在其《人类简史——从动物到上帝》一书中认为，人类（从物种角度被称为智人）语言最独特的功能就是"讨论虚构的事物"，换句话说，人类之所以有今天的成就，与虚构或讲故事的能力密不可分。在约 7 万年前，也许由于某种基因突变，智人突然具有认知革命，这类似于我们前述的自我意识和反思的能力，同时语言能力也有了质的飞跃。人们开始群居，社会学研究，人类群组的自然团体数量约 150 人。但今天的公司、军队等都超过了这个数量。那么尤瓦尔·赫拉利说：

智人究竟是怎么样跨过这个门槛值，最后创造出了有数万居民的城市、有上亿人口的帝国？这里的秘密很可能就在于虚构故事。就算是大批互不相识的人，只要同样相信某个故事，就能共同合作。……"虚构"这件事的重点不只在于让人类能够拥有想象，更重要的是可以"一起想象"，编织出种种共同的虚构故事，不管是《圣经》的《创世纪》、澳大利亚原住民的"梦世记"，甚至连现代所谓的国家其实也是一种想象。①

这段话不由得使人想起了本尼迪克特·安德森的所谓民族是"想象的共同体"，德国古典学派中也有观点认为耶稣是集体无意识想象的产物等。如果从虚构的角度看，譬如居住在森林旁边的人认为森林里有狮子等野兽，并由此而影响了他们的心情和行动，这也可谓是一种虚拟，只不过这是人脑这个机器的虚构，而当前的 VR（虚拟现实）是计算机网络中枢的虚构。

因而，从这个广泛的意义上来看，虚拟现实空间并不是计算机和互联网的独有特征，在古代神话世界和中世纪的信仰中，亦呈现出虚拟现实的特征。譬如古代的图腾崇拜、灵物崇拜、祖先崇拜等，如果从科学的意义上来看，这也是一种虚构的东西，实际上他们并不存在。但如果按照吴国盛先生的看法，这也属于技术的范畴，属于身体技术或社会技术，实质上更确切地说属于精神技术。从而，我们可以看到，尤瓦尔·赫拉利所言的那个虚构故事以建立国家，属于社会技术的范畴，宗教信仰和神话的虚构属于身体和精神技术的范畴。尤其是在宗教信仰的仪式中，这一点是更为明显的。从观念上来说，上帝是虚构的东西，吃面包、喝葡萄酒也与基督没有关系，但在心理知觉中，在一种恍惚的体验中，在仪式的沟通和摇曳的烛光里，人似乎感受到了与某种不可思议的力量的合一，而且对他们来说，这就是一种最真的现实。由此，我们也可以称之为虚拟现实。这种虚拟现实表征了人在"人的依赖"生存方式中，为获取自我的完整性的一种虚拟手段。

---

① 〔以色列〕尤瓦尔·赫拉利：《人类简史——从动物到上帝》，林俊宏译，中信出版社，2015，第 26~28 页。

这样分类有什么意义呢？通过上述的简要分析，我们可以看到，所谓虚拟，直观的理解，是指"自然"并没有产出的东西，而通过人这个"此在"才能够将之解蔽出来。但此处仍有一个问题，比如汽车，也并不是"自然"产出的，但它并不能够被称为虚拟的，而只能被称为现实的东西或事物。因而，"虚拟"也必须进一步被探究其边界在何处。

我国古代哲学思想中，"虚"的含义主要有"空"和"无"。《道德经》曰："致虚极，守静笃。""拟"，《说文解字》注曰：度也，今所谓揣度也。从每个字的含义上来看，"虚"表现了一种状态，也就是与"实"和"有"相反的存在，而"拟"则是一种不确定性，或者说一种边界。英文中的virtual 源于拉丁文 virtus，其本义是指可产生某种效果的内在力量或能力，实际上起作用或事实上存在的。① 在《牛津高级英汉双解词典》（第四版）中，对 virtual 的解释是：事实上的、实际上的和实质上的，但在名义上或正式上未获得承认或接受。法国学者莱维认为："虚拟倾向于实际化，但不会呈现出任何实际或有形的凝结物，如同种子虚拟着树的在场一样。严格来说，虚拟不该同真实相比较，而是同实际相比较，因为虚拟和实际仅仅是存在的不同两面。"②

结合中西方词源学的含义，我们可以看出虚拟的界限在何处。虚拟是一种标志着与真实事物不一样的界限和状态。如果作为一种"无"和"空"，虚拟是可以进入的，如果作为一种边界的话，虚拟是一个与划定了的存在的范畴。同时，虚拟的东西虽然与真实事物不一样，但是它包含着真实事物的质素，也可以说是一种映象，有着具体的内容，没有原子凝聚成的物质实体。由此，我们也可以看出，计算机之前的时代，各种技术的产出物是在真实事物的范畴内，譬如汽车、飞机等，它们具有直接的物质形式，也就是物理空间的广延特征。根据我们之前所论述的东西，资本主义以降的工业技术和理性思维的统御，导致了时空中的情感被放逐，时空变得机械和空洞，从

———————

① 贾英健：《虚拟生存论》，人民出版社，2011，第 126 页。

② 徐世甫：《虚拟生存论导论》，上海社会科学出版社，2013，第 39~40 页。

而较之资本主义之前的信仰和神话世代，工业化时代是没有虚拟的，只有"物"，这也从一个侧面反映了马克思所言的"物的依赖"之生存方式特征。古代的神话、信仰、图腾和皇权之象征等，都可以说是一种虚拟现实，虽然它们并不是一种实体，也并非有形体的物质性的东西，但它们对于人们的生存来说是必不可少，且真实存在的，它们浓缩了时空的生存价值意蕴，包含了生活的情感和死亡的遗憾。当现实不复存在时，人们仍然相信自己依旧生存着，这就是虚拟现实所带给古代"人的依赖"生存中的意义。

这种虚拟现实源于人自身的能力，一种虚构的能力，同时也是一种再组织自己的生存情态的能力。资本主义的工业化和理性主义将这种能力压制了，或者说放逐到了非理性之中，人们只能生存在无尽的物欲之中。但创造性的力量是必然要冲破这种平直时空的束缚，它必然要将价值情感、生存情愫、自由意志和现实的形态相结合，展现自己内心的本质化的创造性力量，同时也给予个体新的生活的境域，计算机技术所生成的数字化的虚拟形态，正是这样一种表现。在虚拟现实的互联网空间中，人们实践的对象则并不包含在自然物理空间之中，从某种程度上来说，人的实践对象并非空间的具体存在样式，而是比特的存在样式。互联网空间作为空间本身，已经不是物质的存在方式，而是比特的存在方式，或者说信息的存在方式，在计算机和互联网诞生之前，信息就存在着，但人们不能对此加以建构，也不能变化信息的空间表现形态，但计算机和互联网技术在宏观物理时空法则的基础上，拟像出了信息的独立空间模式。

从一定程度上来说，计算机所生成的虚拟现实，再现了人类心中和脑海中虚构了场景的现实性。这表明，当前的互联网空间在其不断生成的角度，向着人的本源创造力的复归，即破除了理性主义的宏大叙事、绝对理性和至高创造者的单一目的性，以及无边无际的物欲狂欢，而个体在以往的这种哲学宏大叙事和物化之中，都被抹杀在空间的无际的寂静之中，仿佛量子力学中无声起伏的量子泡沫，终究归于平滑的宇宙。计算机的虚拟生存在两个方面超越了古代世界的虚拟非现实性和近代以来资本主义世界的无虚拟性，从而也就构塑了当前生存的整体性特质。人可以在计算机的虚拟时空中构建自己的世界，在其中，他成了尤瓦尔·赫拉利所言的"从动物到上帝"。正如一款著名的电脑游戏《大富翁》，人们在其中犹如在现实的城市里，你按照自身的意愿，做什么都可以。这是技术的胜利，对人性欲望从纯粹现实性"物"的领域部分地解放出来，迈向成为健全的人的一小步。

从而，如前所述，所谓"虚拟现实"，从哲学的角度而言，是指人具有的一种本质力量对象化的能力和表征，这种能力即是一种自我意识的综合体，是理性和非理性的结合；这种表征，是一种超越但又保留"物"的界限而融合身体与精神的个体的整体性和现实性之存在。因而，我们看到，古代的虚拟现实，诸如神话、宗教等，更多地具有非理性的特征，并且忽视了"物"的现实性，并且将自己的身体与精神置于非己的状态中，人必须对神灵等交付出自己的一部分存在和感受，因而也不具有真正的自由。

资本主义大工业生产时代根本就不存在虚拟的东西，一切都被暴露在理性的光芒之下，人的非理性、人的身体、精神和情感需求，在"物"的引诱之下都无所遁形。神话、宗教和信仰等都在理性主义的威力中被祛魅了，所谓时间性也只是一种"物"的指引，以及"物"的衰败和更新所引发的永无止境的渴望，人在这种无限、空寂、均匀的空间中茫然失措，所以只能够追逐现实性的各种事物，诸如马尔库塞所说的，人们的灵魂被困在错层住宅里，人们追求豪华汽车、高保真音响等，都是这种缺乏虚拟能力的表现。

总体来看，古代的虚拟现实是一种自我意识的纯粹的抽象，其现实性主要是一种虚幻的、虚构的和心理学意义上的现实性。在互联网时代，依托于计算机和网络技术所生成的虚拟现实，是对古代抽象的虚拟现实以及资本主义大工业虚拟现实缺乏的超越和扬弃。也就是说，互联网空间的虚拟现实，既保留了"物"的特征，同时又整合了人的身体和心理，因而，它不是纯粹的虚化和抽象的精神，也不完全是"物欲""物化"的直接延续，而浓缩了创造性和个体的生存情态，因而具有一定程度上的生存的整体性。

在互联网时代，虚拟现实在技术的层面实现了人的生存的整体性情态。这种情态被诸多学者称为虚拟生存。从互联网空间的角度来看，所谓虚拟生存的含义，是指人们的一种生成和存在的状态，这种生成是依赖于计算机技术手段，通过网络链接和各种辅助设备，人们在网络空间中展开的各种行为和活动。互联网空间的虚拟生存扬弃了对实体性"物"的追求，通过计算机的图像生成和现实性重构，人在其中能够进行主体间性的交互，并通过数字化的手段和呈现方式来表征自身的存在。这种生成和存在之所以说是具有整体性结构特征，是因为互联网的虚拟生存不再是一种神话意义上的虚构，而具有实然的生成机制和可控的操作机制，同时，互联网空间的虚拟生存将个体的主动性、情态、意志、思想和欲望等都可以融入这个生存活动的诸多要素和进程之中。从而，人在一定程上能够克服被建构的命运，能够在这个物理空间之中的虚拟世界里主宰自我的意志，克服物的异化，展现自己的创造性力量，并将之对象化。

从虚拟现实的否定之否定发展历程来看，人是不断地向着自身的创造力的复归和解放，其目的是成为一个真正的自我，需求本真的生活，以弗洛姆的话来说就是成为一个健全的人。在启蒙时期，理性的进步作用在于克服了宗教虚拟的异化，但又让人进入了物的异化，我们现在仍然处在资本的控制和"物"的异化阶段。比如我国现今的互联网几乎被几大网络巨头所垄断，如阿里巴巴、淘宝、京东、拼多多等，这些网络空间实质上是一种购物空间，网络技术提供了便利的购物条件，仍然使得人处于物欲消费的狂欢之中。每年的"6.18""双十一"等狂欢节都是这种物欲的网络空间之再现。但人从其本质力量看，是要克服这种异化的。因为，人们感受到了除"物"之外，所能拥有的"绝对贫困"。在互联网虚拟生存之前，我们无法逃避，也不愿意逃避，但互联网虚拟空间之生成，虽然保留有物欲的控制，毕竟打开了克服异化的一条技术路径。马克思曾说：

> 一切肉体的和精神的感觉都被这一切感觉的单纯异化即拥有的感觉所代替。人的本质只能被归结为这种绝对的贫困，这样它才能够从自身产生出它的内在丰富性。①

---

① 《马克思恩格斯文集》第1卷，人民出版社，2009，第190页。

在互联网虚拟空间中，人可以短暂地、有限地实现某种程度的"健全的人"，非异化物化的、展现自己创造力的人，也是弗洛姆所谓的轻占有、重存在的人。弗洛姆对此乐观地热情洋溢地描述道：

> （健全的人）是富于建设精神、没有异化的人；他与世界友好地联系在一起，用理性客观地把握现实；他体验到自己是一个独一无二的个体存在，与此同时，又感到同他人联系在一起；他不屈从于非理性的权威，而乐于接受良心和理性的合理的权威；只要活着，他就在不停地自我完善，并且把生命这一赠礼当成他最宝贵的机会。①

在虚拟现实和虚拟生存中，我们都有这种体会。比如，在早期大学内部网络的 BBS 社区，后来风起云涌的新浪博客、微博、微信等各种自媒体，以及展现个人才华的各类文学网站、美篇等，都是这样的一种虚拟现实的存在。在这样的社区中，个体发布一篇个人的作品和意见，会有其他人看到并即时回应，而作者也能看到并回复。这在纸质书籍、报刊和电视电影时代，是不可想象的事情。在书籍报刊时代，即时的交流是不可能的，也无法完成。在虚拟社区中，这是现实性发生的事情，但对方的身份、地位，作者可能不太了解，这种匿名性构成了一种交流的"无异化"，也就是除却社会法律风俗，彼此的身份、地位年龄等都被抹杀了。人在其中具有全新的自我，同时也是一个完整的思想体和行为体，二者相结合也构成了马克思所谓的"总体性存在"。在《1844 年经济学哲学手稿》中，马克思对人的这种"总体性存在"进行了生动的叙述，并充满着内在的情感。马克思说：

> 人以一种全面的方式，就是说，作为一个完整的人，占有自己的全面的本质。人对世界的任何一种人的关系——视觉、听觉、嗅觉、味觉、触觉、思维、直观、情感、愿望、活动、爱，——总之，他的个体

---

① 〔美〕弗洛姆：《健全的社会》，孙恺祥译，上海译文出版社，2011，第 233 页。

的一切器官，正像在形式上直接是社会的那些器官一样，是通过自己的对象性关系，即通过自己同对象的关系而对对象的占有，对人的现实的占有；这些器官同对象的关系，是人的现实的实现（因此，正像人的本质规定和活动是多种多样的一样，人的现实也是多种多样的），是人的能动和人的受动，因为按人的方式来理解的受动，是人的一种自我享受。①

从而，我们看到，从广泛的意义上来说，互联网空间中的虚拟生存的人，是具体的、历史的"个人的存在"，对于马克思主义而言，具体的、历史的"个人的生存"就是历史唯物主义微观视阈的起点。但是，人的"生存"本身绝不是一个抽象的、孤立的形而上学概念，而是能够最原始地被人经验到的生命活动现象，具有不容抹杀的历史生成性。互联网的虚拟现实在某种程度上给予个体的生存（包括情感、意志和意见等）以一定的空间和地位，也就具有马克思所言的对于资本主义异化的批判性。

从而，人在互联网虚拟现实空间之中，能够部分地掌握自己的对象化及其变化，马克思说：

> 每一种本质力量的独特性，恰好就是这种本质力量的独特的本质，因而也是它的对象化的独特方式，它的对象性的、现实的、活生生的存在的独特方式。②

从而，人通过"互联网+"的生存实践展现了人的本质力量的方式就是，通过虚拟生存，通过网络的交互、思考和表达，能够展现网络居民的"个人的一定的活动方式，是他们表现自己生命的一定方式、他们一定的生活方式"。③

从技术角度来说，虚拟现实的出现已经 50 多年了，互联网的兴盛和成

① 《马克思恩格斯文集》（第 1 卷），人民出版社，2009，第 189 页。
② 《马克思恩格斯全集》（第 3 卷），人民出版社，1995，第 305 页。
③ 《马克思恩格斯文集》（第 1 卷），人民出版社，2009，第 520 页。

熟也已经 30 多年了。在网上冲浪、求知、就业、网恋等，已经成为自然主义的生活样态了。而且，对于 1990 年以后出生的一代人来说，他们可谓是互联网的原住民了，甚至可以说是虚拟现实空间的土著。海德格尔说道："我是和你是的方式，即我们人据以在大地上存在（sind）的方式，乃是 Buan，即居住。所谓人存在，也就是作为终有一死者在大地上存在，意思就是：居住。"① 我们现在不光在大地上居住和死去，而且要在数字化的虚拟空间里居住和死去，并且留下我们的印痕。但与以往不同的是，这个互联网时空消泯了时间性，在网络上，我们很可能不再需要"考古学"，因为我们超越时间而时时刻刻就在"这里"或"那里"。从理论上来说，我们居住的痕迹保留是可以永久性的。这可谓是一种栖居，在现实物理世界的物化中，在古代信念的空虚中，我们可以在虚拟生存中找到一种栖居之地。究竟何谓栖居？按照海德格尔的理解，栖居是指由天、地、神、人四方整构成的空间结构和价值体系的总体，能够使生活其中的个人实现人生意义。

海德格尔说："此在生存着而被抛，它作为被抛的此在委托给了它所需要的存在者；它需要这个存在者以便能像它自身所是的那样存在，亦即为它本身之故存在。"② "保护四重整体——拯救大地，接受天空，期待诸神，护送总有一死者——这四重保护乃是栖居的朴素本质。因此，说到底，真正的建筑物给栖居以烙印，促之进入其本质之中，并且为这种本质提供住所。"③ 从某种程度上，计算机和互联网所构造的建筑物是数字化的，却让人能够进入其本质。

---

① 〔德〕马丁·海德格尔：《演讲与论文集》，孙周兴译，生活·读书·新知三联书店，2011，第 154 页。
② 〔德〕马丁·海德格尔：《存在与时间》，陈嘉映、王庆节译，生活·读书·新知三联书店，2014，第 413 页。
③ 〔德〕马丁·海德格尔：《演讲与论文集》，孙周兴译，生活·读书·新知三联书店，2005，第 167~168 页。

第五章
"互联网+"空间的价值与实践意蕴

只要人生存着，就需依赖周围对象来实现自我持存，也就是在对象性活动中确证自我。因此，人作为对象性存在，对象和人统一于人的对象性活动。它是人的生存活动，一种通过实践改造对象创造"生活世界"的活动。从空间的角度看，空间是包括人在内的一切对象事物的存在寓所。人类通过实践活动构造对象世界就是按照生存需求改造对象来创造生存空间，即通过形塑空间样式变革生存境遇。从科学技术的角度而论，"互联网+"是人类技术文明的集中体现，它建立了人的生存的新模式，在人类文明中首次产出了超出自然时空的新的虚拟现实，构建了新的社会和文化世界，提供了多维度的价值源泉，并提供了新型的实践方式和改造世界的利器。"互联网+"是人建构的新型经济、社会、文化时空，彰显了人的创新、发展、自由的本质，与人的全面自由发展有直接关系。发掘并阐明"互联网+"空间的多维度价值意蕴，对于推动我国"互联网+"战略发展有着重要的实践意义。

在这个进程中，人们通过各种技术手段，包括身体技术、社会技术和科学技术等来塑造不同的空间模式，以实现自身的价值，并在实践中来满足人的需求，推动社会经济文化的发展，促进人的自由全面发展。但互联网空间并不是一片乐土，在资本和社会技术的控制下，互联网空间也存在异化的一面，表现在数字化的霸权和网络安全的薄弱之处。

第一节 "互联网+"空间的多维度价值与实践

互联网作为一种信息技术，其价值是不言而喻的。美国前总统比尔·克林顿在 20 世纪 90 年代就提出了"信息高速公路计划"，实质上是推动互联网向纵深发展，并打造一个庞大的信息产业，包括美国占据信息链的顶端，制定并分配网络地址，综合与集成各种信息网络，开发各种通信技术，建立各种大量的数字化信息文本，以数据库、文字、图形、图像、音频等二进制代码文件，构筑美国的信息战略高地。同时，也由此而催生了数量庞大的信息产业就业人员和用户。虽然进入 21 世纪后，美国遭遇了互联网泡沫的危机，以及导致随后的次贷危机，但美国建立的以信息高新技术为核心的产业结构，引领了世界经济发展的浪潮和全球化的规制。

前文论述了互联网空间情态中人的生存方式的变革，这种生活世界的变迁导致了人的价值观的变化，实际上二者是有机地结合在一起，共同构成人的新的生产生活方式。

一 世界观的嬗变：曼德勃罗集

计算机和互联网就其实质，是一种技术和生产力。以技术为核心的生产力构建了一定社会历史时期的生产关系的基础。这在马克思主义那里被称为生产方式。这种生产方式就是世界观的根本始源。顾名思义，世界观是指人们认知世界的基本方式，从其本质上来说，世界观关乎到人们对自我、世界和他人的看法。我们在此所谓的世界观，是指人们通过自己的认知和技术手段，对世界的样态以及人在世界中的位置的观念。如果单纯地从唯物主义和唯心主义的分野角度而言，互联网的信息内核并没有削弱马克思主义唯物论的基本世界观，恰恰相反，而是更为深刻地印证了这一观念。一个重要的观点，就是互联网空间给予了感性的人、个体和感性的实践以本体论的地位，信息通过人而存在，而不完全是某种被异化的、虚构的意识形态而使得大众被囿于其中。

我们的世界观——并不是唯心论和唯物论二分意义上的——与人的感知

和借助于技术工具对世界的观察密切相关。直接地来说，技术——包括身体和心理技术、社会技术、科学技术等都在塑造我们的世界观。而且，世界所展现的样态，人们如何描述它，以及如何建构它是至关重要的。

恩格斯曾说过，中世纪只知道一种意识形态，即宗教和神学。对于古代的人而言，宗教、神话和各种崇拜心理，乃是一种具有整体性生存方式的信仰世界观。在技术并不发达的时代，人们对世界的构造更多依赖于一种想象力，但这种构造源于人们自我意识的诞生，人们觉知到自我与世界的分离，但又渴望与之融为一体。从物种存在的一般性意义来说，自我意识作为自然选择演化的结果，它是为人的生存而服务。如果我们思考人生存所需力量的来源，譬如吃饭、繁衍等，人与外物是处于一个关联的状态中。但与此同时，也表明人与万物处于隔离之中，需要某种方式和手段将人与他者、万物连接在一起。这种力量的获取需要对某种秩序和关系的探寻，从而形成整体性的"人—物"关联图景。这是自我意识的功能之所在，也是古代信仰的源泉。此外，古代关于世界的科学观念，也与宗教的信仰密不可分。亚里士多德构建了一个完美天球，天球上面居住的是神灵，地球居于天球的中心，人类居住于其上。托勒密宇宙体系是他那个时代科学的顶峰，但不可避免带有与信仰相同的质素，实际上就是构造一个封闭的、圆形的、完美的宇宙，并成为古代人们最为深刻的世界观。

但是，从库萨的尼古拉到哥白尼，再到布鲁诺，逐渐破除了封闭有限的圆形宇宙，而认为宇宙是无限的存在。如库萨的尼古拉说："在上帝之外不可能找到与各种物体精确等距离的点，因为只有他才是无限地相等，只有神圣的上帝才是世界的中心。他是地球和所有天球以及世界万物的中心和无限圆周。"布鲁诺说道："你必须冲破或凹或凸的表面，这表面限制了内外众多元素还有最后一重天……盲目的世俗，以第一动力和最后一重天作为保护自己的铜墙铁壁，而你必须在爆裂声中用永恒理性的旋风将之摧毁……"①

————————

① 〔意〕乔尔丹诺·布鲁诺：《论无限、宇宙与众世界》，时永松、丰万俊译，商务印书馆，2015，第33页。

这就导致古代的世界观的破灭和近代科学世界观的兴起。科学的世界观认为，宇宙是无限的，人只是无限时空发展中的一个微不足道的存在物，用尼采的话来说就是一粒尘埃。这种无限的，没有人确定的位置的世界是什么样的一种境域呢？亚历山大·柯瓦雷对此有着精辟的论述：

> 我们经常会听到这样的说法——这当然是正确的——认为和谐整体的宇宙解体、地球独特的（虽然绝不是享有特权的）中心地位的丧失，必然会导致人在这幕创世的宇宙神剧（theo-cosmic drama）中独特的特权地位丧失，而此前人还是世界的中心形象和关键所在。在这发展的尽头，我们发现了帕斯卡尔的"自由思想者"寂静而令人恐惧的世界，也就是现代科学哲学的无意义的世界。最终，我们发现了虚无主义和绝望。①

因而，对于科学来说，带给人们的是一个无限漆黑的图景，但人们是不能够长久忍受生存于此，对此，也必须重构自己的生存世界。因而，就有两种路径，一种是仍然需求整体性世界观念，并将这种整体性的生存观念与现代科学相融调。何曼宛的个人体验对此也是一个例证，表明古人和现代人在整体性生存动机的一致性。只不过古人所用的是宗教，而她采用的是现代科学。她说：

> 1991 年夏，我在墨西哥城看到一样东西，此后几个月中一直萦绕在我的脑海中，它是一块直径约 3.25 米的已被雕刻过的圆石板。官方的旅游指南上说，这上面刻的是代表黑夜威力的阿兹台克月亮女神，她被她的兄弟太阳神杀死并残酷地肢解了——这一举动如此可怕以致世界也被撕裂了。然而，世界形态原有的美好对称性激励了被肢解的各部分的情感，使它们又聚集在一起形成一个整体，从而消除了头和四肢的不幸的分离。M. 伽林多讲授美洲本地文化，自己是阿兹台克印第安人的

---

① 〔法〕亚历山大·柯瓦雷：《从封闭世界到无限宇宙》，张卜天译，北京大学出版社，2008，第44页。

后裔，他因此对我解释说，这一被雕刻过的圆盘其尺寸和人们所熟知的并被广泛复制的日历石一样大小，实际上它也是一种日历：她的身体被肢解为 13 大块，代表着一年被分为 13 等份。由于激励而导致的交替分离和重整，象征随着时间的流逝，死和再生的循环。①

这样的主题在中东、西欧、印度、中国等地区的神话传说和宗教信仰中都一再重现，包括基督教的诞生都有这样的生存整体性把握的背景，如基督被钉上十字架，是上帝与人的和解，实际上说，是人与这个世界，与生存的环境的再度融合，以及群体秩序的重塑。

另一种构想整体性世界的办法，就是技术。技术与科学一个重要的不同之处在于，它始终植根于人的现实境遇之中。在工业化时代，技术的飞速发展，创造了完全不同于科学观察和古代遵循自然节律所描述和产出的世界。工业技术是纯粹外在性和对象性的产出，没有虚拟，因而也就将人的意识中的情感因素排除在外，或者说将人物化了。在计算机时代之前，人的世界观除却科学宇宙的无限观念，就是陷于现实世界的异化。计算机通过虚拟技术和互联网空间的重构，产出了人自身的可控的新的世界。在其中，人们向着创造力本源回归，再次赋予信息空间一定的情感和价值，互联网空间包含着人的世俗空间，也蕴藏着人的心理空间，人重新再次感受到自由境域。

这一点在前几章我们已经有过论述。从辩证唯物主义的维度进行理解和把握，即互联网空间是以信息和事件的结合与交互在人的面前呈现出世界的样态，这种样态在现实的物理世界之中可能并不能直接存在，但通过计算机和互联网的"知识产出"，这种存在虽然是虚拟的，但作为信息的显现，对人来说仍然具有客观实在性。对于物理世界而言，三维空间是物质事物的存在模式，物质事物则是此种空间的具体呈现样态。对于互联网空间来说，信

———

① D. 洛耶编著《进化的挑战：人类动因对进化的冲击》，胡恩华等译，社会科学文献出版社，2004，第 46 页。

息和事件是空间的具体样态，而空间则是信息和事件存在的模式。这两种情形都是属于客观实在的范畴，但在世界的广度和深度拟构与呈现方面，互联网空间的图景超越了物理世界的现实而深入更为深广的场景之中，如曼德勃罗集，作为一种通过计算机进行的并行计算——在时间上表现为次序性，在空间上表现为多处理器并行处理——所生成的人类有史以来最奇异、最瑰丽的集合图形，被称为"上帝的指纹"。曼德勃罗集在数学上可以被视为点的集合，其表达公式为 $Z_{n+1}=(Z_n)^2+C$，这是一个非线性的迭代公式，其变量都是复数，经过无限迭代之后，或者说经过无数次的重复计算之后，该公式的值仍保持收敛。设定 $Z_0=0$ 为初始点，通过这种迭代运算找到所有的能使得公式值收敛的 C 点的集合，就生成了曼德勃罗集。与此相反，如果设定 C 为复坐标系内一确定值，生成的收敛的点的集合则为朱利亚集。曼德勃罗集作为一种绚丽的几何图形，是函数运算的一个结果，在自然界中并不存在，因而，也只能被称为"上帝的指纹"，但这个美妙的图形也被人类发现了，就如万有引力被发现一样，并通过数学进行了描述，它之所以被观察到并以可视化或对象化的方式向人们呈现出来，是由于计算机运算强大的运算和图形渲染能力。

曼德勃罗集和朱利亚集都是分形理论的一个表现。分形理论是由数学家曼德勃罗提出来的，是为了建立复杂的、不规则的事物之间的关联性。分形理论表明了一个事物的局部与整体上以某种方式相似。比如，一棵树由树干和树枝组成，但观察这棵树的局部，比如一个分枝，也是由分枝的主干和更小的分枝组成，这个局部分枝与这棵树在整体上具有"树"这个意义上的相似性。通过曼德勃罗集，我们可以看到计算机作为技术工具的强大之处，这对于我们对世界的看法有着更为深刻的意义。

计算机使得我们通过无限次计算和图形渲染的方式看到了世界的细节，这种情况与列文虎克发明显微镜之后人们对微观世界的发现一样意义重大。通过计算机的界面所显示的东西，并非自然的呈现，而是人们通过自身的力量重现自然也许永远不会直接向着人的感官显现的东西。它表明人们更加深入地认识到世界的复杂性、非线性或者混沌力学的特性，虽然人们还不能直接发掘背后的真谛,但通过计算机已经能够产出和生成虚拟现实性的世界样态。从而,更加丰富了唯物主义世界观的内涵和外延,它不但包括人的情态、物质和能量,还蕴含着世界的信息、无限的具体表征和在这个无限的科学世界中人所能达到的界域。对此,德国数学家派特根和里希特说道:

> (数字计算机) 使我们能够看见迄今为止还未揭示的事物内在的联系和含义。特别是当前交互式计算机制图的发展,正在丰富我们的感性认识。而用任何其他科学工具则是无法做到这一步的。虽然它只能在我们面前展现一个想象中的世界,使我们置身于人工的景观之中而忘却现实世界,但是对这些想象的思考却能够帮助我们揭开自然界的奥秘。①

同样,对于互联网所形塑的空间而言,同样是建立了复杂世界的非线性关联性,它表征出现实世界中人的有限性,而在互联网空间中,人们超越了个体和实在性的界限,而深入更为深广、具有无限可能的创造性境域之中。

二 思维和认识方式的变革

恩格斯曾经说过,人类思维着的精神是地球上最美的花朵。恩格斯又说:"每一个时代的理论思维,从而我们时代的理论思维,都是一种历史的产物,它在不同的时代具有完全不同的形式,同时具有完全不同的内容。"②这句话表达了历史与逻辑相统一的深刻思想。以互联网为标志的信息时代的思维方式与以往也展现出了不同,关于互联网时代与以往时代的理论思维的差异化的世界观背景,我们在上一个小节已经进行了论述。那么造成思维的差异的最本质的原因是什么,以及互联网以什么方式促成了什么样的思维和认识方式的变革?关于这个问题,恩格斯已经做了回答,而互联网时代的思

---

① 〔德〕H.-O.派特根、P.H.里希特:《分形——美的科学》,井竹君、章祥荪译,科学出版社,1994,第3页。
② 《马克思恩格斯选集》(第4卷),人民出版社,1995,第284页。

维和认识方式的变革也直接地体现在计算机的技术禀赋之中。

1. 技术与工具塑造了思维和认识方式的时代性

如果将思维从心理学上定义为一种广义的神经反射和应激反应，那么对于动物来说，也具有一定程度的思维能力。恩格斯对此说："我们并不想否认，动物是具有从事有计划的、经过思考的行动的能力的。相反地，凡是有原生质和有生命的蛋白质存在和起反应，即完成某种即使是由外面的一定的刺激所引起的极简单运动的地方，这种有计划的行动，就已经以萌芽的形式存在着。这种反应甚至在还没有细胞（更不用说什么神经细胞）的地方，就已经存在着。食虫植物捕获食物的方法，虽然完全是无意识的，但在某一方面也表现出是有计划的。动物从事有意识有计划的行动的能力，和神经系统的发展相应地发展起来了，而在哺乳动物那里则达到了已经相当高的阶段。在英国猎狐的时候，每天都可以观察到，狐是怎样正确地运用它关于地形的丰富知识来躲避它的追逐者，怎样出色地知道和利用一切有利的地势来中断它的踪迹。……但是一切动物的一切有计划的行动，都不能在自然界上打下它们意志的印记。这一点只有人才能做到。一句话，动物仅仅利用外部自然界，单纯地以自己的存在来使自然界改变；而人则通过他所做出的改变来使自然界为自己的目的服务，来支配自然界。这便是人同其他动物的最后的本质的区别，而造成这一区别的还是劳动。"①

但是，从思维是对自然界的认识和反思，以及有目的性地改变对象的角度看，对于动物来说，不能够在这个意义上说它们有思维，因为它们的几乎所有行为，都似乎是在演化的进程中自然将其行为方式鉴刻在了神经线路之中。恩格斯所言的人在自然界中打下了自己意志的烙印，这表明了劳动不是动物的一般性行动，而是人的生存和生产实践，而思维则是在实践中形成的，也就是说只有人的行动才能形成劳动和实践，并与自然界构成主客体关系，而思维正是在这个过程中才得以发生。同时，恩格斯对思维的高度赞美，则强调了主客体关系中主体的主动性和基础性地位，主体是能动的一

---

① 《马克思恩格斯选集》（第3卷），人民出版社，1972，第516页。

方，客体处于被动的地位，但二者在实践——主体改造客体的能动性活动——的基础上实现辩证的统一。

正如列宁所说："意识不仅反映客观世界，而且创造客观世界。"① 这个过程亦即是人的实践。思维和认识发生于实践的过程和结果，并根据实践不断进行调整和发展，这是一个螺旋式上升的趋势。对于实践的定义，一般认为，实践是指"人类有目的地能动地改造和探索现实世界的一切社会性的客观物质活动"。② 实践是一个高度抽象的唯物主义的概念，实践连接主体和客体，接通主观和客观，这即是思维和认识的内化与客观化的统一，也即是对自身和外界进行探索—反映—创造—改造的过程，并如此循环前进。如果将实践具体化和客观化则会发现，实践也需要一个中介，列宁曾经说："仅仅'相互作用'等于空洞无物，需要有中介（联系）。"③ 因而，我们可以从技术的角度而言，这个中介的关键在于工具。正如恩格斯所言"劳动是从制造工具开始的"。对于人而言，这是思维和认识发轫的原点。

技术就具体体现在工具的表征之中。每个时代的技术之内蕴，隐藏在工具的具象化，也就是人们如何制造并使用它的操制阈限里。这也是我们上一小节所谓的技术之图景规制了人们的世界观以及视界的阈限。对于动物而言，所谓思维从本质上来说不外乎自然演化的一个有机体对自然刺激的本能反应。但人的思维则是大脑皮层超越了纯粹的"刺激—反应"模式，而能够有独立的自我意识。当人们意识到自然与人的这种分离，正如我们前述，就力图把自己与自然再次连接或融合起来。人们制造工具，是思维的关于认知的对象化的在场，并通过工具延伸自己的身体和能力，在工具的"上手性"的情态中获得世界与自身的融洽。如果将文明的诞生以文字、城市等为标志，那么工具的制作和使用作为思维的起点远早于此。在此之前的旧石器时代和新时器时代，人们就开始制作和使用工具，诸如考古发现的锋利的刀型石片，目的是切割。但这个时候，最重要的还是身体技术，如人类学研

---

① 《列宁全集》（第 38 卷），人民出版社，1984，第 229 页。
② 肖前、李秀林：《辩证唯物主义原理》，人民出版社，1991，第 174 页。
③ 列宁：《哲学笔记》，人民出版社，1979，第 172 页。

究发现，遗留到现代的原始部落身体彩绘技术都比较发达，这是人们首先意识到了身体与自然的分离，被抛入这世界，而彩绘技术以及通过使用颜料等工具所重塑的身体，也正重构了人与自然的关系。

随着生存环境的扩大，人们通过实践和认知不断改进与环境交互的方式和手段，从抽象的意义上而言，是技术能力和水平不断进步，从具象上来说，是工具在日益演进。人们的认知、实践和思维推动技术和工具进化。但反过来说，工具一旦作为客观化、对象化的存在物，它就有一定的惰性，同时也作为不可更改的"先在"因素对人发生着直接的影响。这种情况在马克思主义中被称作生产力和生产关系的问题。这是从这个社会形态的变迁来看待社会与技术、人与工具的关系。从这个宏观层面来看，互联网空间改变了社会整体的思维特征。

总体上来看，古代工具的制作和使用是建立在物活论和世界本体论等观念的基础之上的。虽然从社会阶层的角度看，从事手工制作、工具生产和生产劳动等"劳力者"处于社会的下层，当时对于工具本身，人们却认为这是与天地人相联系的一个东西。我们之前就论述过，在我国古代思想家老聃、庄子那里，都认为通过工具而形成的技艺，表现了人的一个境界，"技近乎神"。农业技术则与天时地利保持着和谐的价值取向。至于身体技术和工具方面，则对人的思维和认知方式影响更为显著。这就是中世纪的神学意识形态。近代以来，科学在西方的迅猛发展，技术工具的急速改进，导致这样一种状况，工具不再具有神秘的属性和与自然相合的特性，而是一种探究外界的手段。如比萨斜塔实验、显微镜、望远镜等都是对外在于人的世界之探赜，即便是解剖学，也是人作为客体和对象的东西而被认知。

这种工具论的观念和科学的世界观，就产生了一种二元论的认知和思维方式，笛卡儿所谓的"我思故我在"，确立了主体的地位，唯物论和唯心论的对立，康德的纯粹理性和黑格尔的绝对精神等，都是主客体二元分立的认识方式和思维模式。正如马克思所言："主体是人，客体是自然。"① 这是较

———————

① 《马克思恩格斯选集》（第2卷），人民出版社，1985，第102页。

为宽泛的广义说法，这里的人是指具有自我意识、主观能动性的社会主体，而不是单纯的抽象意义上的人。因而，马克思又论述道："主体也始终是意识或自我意识，或者更正确些说，对象仅仅表现为抽象的意识，而人仅仅表现为自我意识。"① 可以说，所谓主体，是指在实践中形成的具有自我意识和自觉能动性、处于一定社会历史阶段，并从事着感性活动的人。

现当代科学技术和工具的使用，高涨了人的理性和能力，人们使用技术工具可以支配自然，海德格尔对此认为，现代技术不是一种解蔽，而是促逼，拷打着自然界说出它的秘密。从而，理性主义的思维方式和认知方式是把世界以人为坐标原点分为主体和客体、精神和物质、唯物和唯心等。而思维和认知的价值在于二者的相统一，从而在思维和认识模式上，从感性现象出发，对杂乱的表象进行理性的抽象，然后将之付诸实践，以此反复。

从时空角度看，这种思维方式是较为典型的线性思维，因为空间已经被视为一个空洞的容器和无生气的背景，而时间则是线性的发展和进步。这种线性思维方式与技术和工具体系的日益复杂不无关系。这是出于外部世界认知的需要，自文艺复兴和印刷术发明以来，科学的这种线性理性思维和认知方式对于推动工业化，建构庞大的巨型机器、管理制度和工具体系有重大的贡献，但是，在其中人们的思维是被限定的一维化的，认识虽然深刻但却是抽象的。这种情况也导致工业化的危机，诸如环境恶化、全球变暖、人的物化等。计算机和互联网技术作为一种信息化的工具体系，具有反线性思维的塑造功能。

这同样是一种否定之否定和扬弃，互联网的思维继承了古代（农业时代）的整体观和自然复杂性的特征，使得人们不再完全从二元对立的角度去认知和思考人与世界的关系。姜奇平对此也曾经说过"中国互联网文化与中国农业社会文化之间，同样存在这种'隔代遗传'。隔代遗传的本质，是文化范式从农业文化的自然复杂性范式，转变为工业文化的工业简单性范

_____

① 马克思：《1844年经济学哲学手稿》，人民出版社，1985，第119页。

式，又综合为信息文化的信息复杂性范式。"① 计算机和互联网技术工具，超越了传统工业大生产的流水线、单向性、二元对立的思维和认知方式，而彰显了非线性、复杂性、相对性、多元性、开放共享性，并在各种处理器、显示器、超链接、传感器和各种信息数据库处理系统等硬件和软件的结合下，涌现出大数据分析、人机互动、人工智能、系统论搜索、虚拟现实等认知模式。从而，可以看到，互联网信息时代，人的认知主体、认识工具和手段、认识方式都在快速地变革之中。从一定程度上来说，计算机和互联网技术仍方兴未艾，持续深入发展，因而对人的思维和认识方式的影响还远未探底，甚至正在潜移默化地影响着我们的大脑，我们应时刻保持着高度关注的态度，从而保持对技术工具双面性的清醒。

2. 计算机和互联网对个体思维和认识的影响

计算机和互联网技术不但对时代的思维和认识方式重新塑造，也对个体本身的思维和认识造成了深刻影响，使得个人在自我与他者、学习与思考、内在与外在等方面交互方式有明显的改变。这也是技术工具反作用于个人的一个直接表现。在此，我们先讲述一个关于尼采使用打字机写作的例子。

尼采作为"超人"哲学的提出者，也是唯意志论的代表，其思想深刻地影响了后来的存在主义。但在现实中，尼采饱受病痛的折磨。1881年下半年，尼采的视力和身体状况越来越差，他很快就不得不放弃写作了。这对尼采来说实在是痛苦的事情。但在这时候，尼采订购了一台打字机，是丹麦制造的球形打字机。正如我们现在写文章都是用电脑和键盘一样，经过充分练习，尼采的打字机每分钟可以打出800多个字符。学会这个技能之后，尼采就可以闭着眼睛用指尖敲击键盘写作了，文字又可以重新从他的头脑呈现在纸上了。1882年3月，柏林的报纸报道说，尼采"感觉比以往任何时候都好"，由于有了打字机，他"恢复了写作"。同时，这台设备或这个工具对尼采也产生了微妙的影响。作家兼作曲家海因里希·科泽利茨是尼采的挚友，他注意到尼采的写作风格发生了变化，其散文变得更加严谨简洁。他给

———————

① 姜奇平：《中国网络的信息哲学》，《互联网周刊》2016年1月10日。

尼采写信说，"通过这台机器，你甚至可能会喜欢上新成语"，甚至现身说法，"我在音乐和语言方面的'思考'经常会取决于纸和笔的品质"。尼采回信说："你是对的，我们所用的写作工具参与了我们思想的形成过程。"[①]

从这个例子可以看出，工具对个体的思考和认识有着潜在的影响力，虽然个体在从事与往常一样的思考时也许并没有明确的觉察。但在潜意识或者说逐渐形成的思维之进程中，这种影响就逐渐显露出来。从目前的境况来看，总体而言，互联网对个体思维和认识方式的影响主要表现为以下几个特征：从整体性到碎片化、从沉思到浅览、从线性到合成、从大众到个性、从中心到分散。

正如哲学的发展那样，在后现代哲学之前，甚至在胡塞尔提出"生活世界"理论和存在主义兴盛之前，人们要么关注宏大的整体性的东西，要么被哲学宏大的东西所规约，但互联网打碎这种整体性，从个体的阅读可以看出。古代的中国、西方的中世纪和电子传媒出现以前，人们都是在阅读书籍，每一本书也许有注脚和索引，但这本书不可能随时与其他图书的信息相联系。读者在读书之时，都会专注于"这本书"的整体性情景，而沉浸在书本的主题和所描绘的场景中。迈克尔·海姆认为虚拟现实的其中一个特性是沉浸性，但古代全身心阅读的沉浸与通过可穿戴的传感设备而感知的虚拟现实之沉浸并不是一个东西。古代的阅读是思维的线性的、连续的和整体性的，是主体性的内在情态，并非虚拟现实的统觉的整体性，这是被构建的外在境域。

互联网作为信息技术，它的一个最重要的特性就是信息化，不但书籍被比特化了，而且人们查阅资料、交流、信件来往等都被整合在互联网时空之中。每当我们在网络阅读（如亚马逊的 Kindle、当当云阅读、网易阅读等等）之际，每个数字化的页面似乎类似纸质书籍，但都含有大量的评论、超链接、数据库和跳转指示等，在阅读的同时还在与同事、朋友或女友在交

---

① 参见〔美〕尼古拉斯·卡尔《浅薄：互联网如何毒化了我们的大脑》，刘纯毅译，中信出版社，2010，第33~35页。

流。这是一种缺乏沉浸和深度的阅读。其原因也正在于工具对我们思维和行为的影响。我们曾经的印刷术的书籍让我们孤独并与外界隔绝，互联网恰恰让我们的思维和认知与外界连接。正如尼古拉斯·卡尔说：

> 一旦媒体实现了数字化，媒体之间的边界就消失了。……随着谷歌和微软等公司的搜索引擎功能日趋完善，可以随意查找视频和音频内容，更多的产品正在发生碎片化的改变，而这种碎片化早已成了文字作品的典型特征。……我渴望链接。正如微软的 Word 软件曾经把我变成一个有血有肉的文字处理器一样，我感觉互联网正在把我变成一个像高速数据处理器一样的东西，我成了一个活人版的哈儿。①

在这样一种信息充斥的时空里，人们不再完全沉思于某个主题，而是不断地浏览，这一方面是由于信息的无处不在，即时的推送，也由于个体获取信息的便捷性。因而，以往的线性的深入的思维方式和认识方式，被一种复杂的、交互的与合成的方式所逐渐取代，以至于我们很难再回到那种修道院式的对于宏大主题的沉思之境域。此处合成的意蕴，也指计算机和互联网部分程度地代替了人的思维功能，但目前来看更多的是直觉的部分。譬如，以往我们在纸张上写字的时候，每一个笔画都要写下并按规则组合，最后形成我们所认识的那个汉字。但当你在计算机键盘上敲击输入汉字的时候，无论是五笔还是拼音输入法，都不与汉字的笔画发生直接的关系，而且，由于软件的智能性，当你按照键盘的规则未输入完的时候，完形的字已经跃然屏幕之上。这种虚拟的合成方式甚至引导了个体的认识方向。如在网络上经常有输入法自行联想造成的别字所引发的讨论和新的含义，如在前些年的网络流行词中，"激动"被写成"鸡冻"，方言"给力"成为网络词语后，被收入《汉语大词典》。

---

① 〔美〕尼古拉斯·卡尔：《浅薄：互联网如何毒化了我们的大脑》，刘纯毅译，中信出版社，2010，第 42 页。

在以往，因为空间是空洞和僵硬的，时间虽然是富有生命的，但却是线性的，因而，信息总是单向度的。互联网的空间从其技术本性来看，是一种分布式的，去中心化的，因而也造成了信息的无处不在的涌现，就如真空能一样。在这个过程中，个体不再是从单一信息源来接受被筛选过的、指定的信息，而是有更为广泛的选择。以往的传媒被筛选的信息主要是为了迎合所谓大众的口味，但在如此繁芜的信息时空里，个体所选择的信息都是高度个性化的，从而对事物的看法和认识也就具有自主性的意见。这从总体上来看，也即是人的互联网时空的生存方式的一个具体的展现。2020 年 9 月 29日，中国互联网络信息中心（CNNIC）在北京发布第 46 次《中国互联网络发展状况统计报告》，报告显示，截至 2020 年 6 月，我国网民规模达 9.40亿，较 2020 年 3 月增长 3625 万，互联网普及率达 67.0%，较 2020 年 3 月提升 2.5 个百分点。① 这些数据充分说明了互联网在我国日益进入普通人的生活世界之中。人们的日常生活、人际交往和思维认知都与互联网的技术方式密不可分。在信息时代的今天，计算机和互联网作为信息技术的工具，正如古代的工具是人的身体的延伸一样，更多的是人们思维和认识的延伸。在某种程度上，自然、社会和意识，乃至人本身都被同质化和统一化于比特的世界之中。

三　经济社会和生产方式的拓展

技术作为生产力的核心要素，对生产方式产生着直接的作用，同时推动着经济业态的不断发展和社会的日益进步。迄今为止，已经发生了三次工业革命。第一次是蒸汽机革命，推动手工业向工业大生产转变；第二次工业革命是以电力和内燃机的广泛应用为标志，使得人类利用能源进入了一个新的时代，并促成了技术"巨机器"体系的建立和完成；第三次工业革命以原子能、电子计算机、空间技术和生物工程的发明和应用为主要标志，人类对

---

① 《第 46 次〈中国互联网络发展状况统计报告〉》，中国互联网络信息中心，http://www. cnnic. net. cn/hlwfzyj/hlwxzb g/hlwtjbg/202009/t20200929_ 71257. htm，2020 年 9 月 29 日。

于能源的利用进入了一个新的阶段，并且极大地扩大了对自身和宇宙空间的认知。有的学者认为，互联网的兴起是属于第三次工业革命领域。例如德国著名未来学家、世界经济论坛创始人兼执行主席克劳斯·施瓦布就如是认为，并提出了第四次工业革命的概念。他并没有给出第四次工业革命的基本内涵，不过他指出：

> 然而，第四次工业革命绝不仅限于智能互联的机器和系统，其内涵更为广泛。当前，从基因测序到纳米技术，从可再生能源到量子计算，各领域的技术突破风起云涌。这些技术之间的融合，以及它们横跨物理、数字和生物几大领域的互动，决定了第四次工业革命与前几次工业革命有着本质的不同。①

克劳斯·施瓦布认为第四工业革命有如下的特征：一是技术创新和传播的速度和广度远超以往；二是规模收益极其惊人；三是不同学科和发现成果之间协同与整合变得更为普遍。从这几个方面来看，克劳斯·施瓦布所认为的第四次工业革命与目前的互联网革命（或者说信息革命）有诸多重叠之处，而他所举的例证也是关涉到互联网经济方面，但有一点是现在互联网还没有达到的，即万物互联和人工智能，这也许就是他所谓的第四次工业革命的核心。

计算机的广泛应用，尤其是个人计算机的普及化，使得人们进入了数字化时代，但20世纪90年代以来互联网从1.0到2.0，再到如今还未完全实现的3.0，催生了诸多的经济业态和社会交互模式，也促进了生产方式的极大改变。互联网的核心是信息，因而，诸多业态也是围绕这个基质而进行开展的。

首先，计算机和互联网作为一种技术，其发挥作用也离不开物质条件，这是互联网信息技术的基础设施，这一点也与传统的工业基础设施不完全一

---

① 〔德〕克劳斯·施瓦布：《第四次工业革命》，李菁译，中信出版社，2017，第5页。

样。以往的基础设施建设,主要是公路、铁路、高铁、机场、港口等,是物理世界的原子式的实物生产与运输。与前几次工业革命一样,互联网的基础设施建设催生了通信工具和设施的建设,诸如光缆、服务器、宽带、数字电视、信号中继站,以及互联网服务平台等。这些互联网基础设施的构筑和建设,为信息经济的蓬勃发展提供了基本的硬件保障。马克思曾说过:"各种经济时代的区别,不在于生产什么,而在于怎样生产,用什么劳动资料生产。劳动资料不仅是人类劳动力发展的测量器,而且是劳动者借以进行的社会关系的指示剂。"① 从这个角度看,我们国家已经进入了第四次工业革命的门槛,5G 的建设是为了万物互联奠定基础设施。这在我国被称为新基建。第 46 次《中国互联网络发展状况统计报告》显示:

> 2020 年上半年,国家密集部署加快"新基建"进度,"新基建"获得前所未有的重视,多个重要领域取得积极进展。在 5G 领域,5G 终端连接数已超过 6600 万,三家基础电信企业已开通 5G 基站超 40 万个。在工业互联网领域,已培育形成 500 多个特色鲜明、能力多样的工业互联网平台,其中具备一定行业、区域影响力的平台数量超过 70 个,部分重点平台服务工业企业近 8 万家。在卫星互联网领域,我国正逐步尝试突破互联网关键技术,相继启动多个低轨卫星星座计划。②

其次是生产领域的拓展和创造。不同的技术时代,产品的生产是有着质的区别,在农业时代和工业时代虽然都是生产实物产品,但二者在附加值和表现形态上是不一样的。农业时代主要是手工制品,工业时代则是流水线复制的标准化商品。因而,马克思把这两个时代分别称为"人的依赖"和"物的依赖"的生存方式。互联网时代仍然处在资本主义工业化时代,但互联网生产有着自身独特的产品形态和经济形式,这突出表现在信息和知识的

---

① 《马克思恩格斯全集》(第 23 卷),人民出版社,1972,第 204 页。
② 《第 46 次〈中国互联网络发展状况统计报告〉》,中国互联网络信息中心,http://www.cnnic.net.cn/hlwfzyj/hlwxzb g/hlwtjbg/202009/t20200929_ 71257. htm,2020 年 9 月 29 日。

价值方面，它们表现为虚拟的和数字化的产品。譬如，在网上在线阅读出现之后，人们可以在线支付购买电子书，而不必购买实物性质的书。同时，数字化商品的特征是可以重复消费的，一件数字化商品并不会因为一个人下载，而导致其他人丧失占有它的机会。如果说农业社会的商品是独特的，工业化商品是标准的，数字化商品则是同质的。

从产品价值的角度来看，工业化时代的价值主要是劳动价值论，在信息时代，则在劳动价值论的基础上，侧重于知识价值论。一个很重要的因素是，互联网的产品，比如一个通信算法（比如 5G 算法）、一个应用软件（如微信 App）等对于普通用户来说则是免费的，而且生产这个软件只需要编程者的脑力劳动，批量的生产则是计算机自动进行的。这当然并不否定劳动价值论，而是说，互联网的生产领域的生产资料并非实物，是人的纯粹的知识发明和创新，当这个产品一旦被编程完毕，剩余的生产过程则全部由计算机自动完成。这个产品的价值更多地就体现在创新的过程和用户流量大小的附加值之上。

例如，1990 年美国底特律三家传统工业企业的总市值、总收入和员工总数分别是 360 亿美元、2500 亿美元和 120 万人。相比之下，2014 年，硅谷最大的三家互联网企业总市值高达 1.09 万亿美元，总收入 2470 亿美元，但员工数量仅 13.7 万人。[①] 这说明，信息经济以更少的人创造了与工业经济同样的财富，但反过来也可以说，信息经济创造了较少的就业机会，这个差额就体现在知识经济的创新价值之中。

从生产的主体来看，以往的手工业和机器大工业生产的产品主要是实物的形式，但在互联网经济中，已经拓展到个体的精神生产领域。互联网为个体的这种知识和精神创新提供了平台。如现在很火的抖音、全民小视频等，每个人都可以在上面发布一个小视频，如果创意很好，得到足够多的点击和流量，则能够获得收入。但这种收入方式并不是传统的商品售卖的模式，而是通过广告、赞赏、打赏等形式。产品的生产也非常简单，只需要打开手

---

① 〔德〕克劳斯·施瓦布：《第四次工业革命》，李菁译，中信出版社，2017，第 7 页。

机，录制一下即可，并且网站平台还可以提供个性化创作手段，如加入音乐、美化图片等。

最后是交换领域的高效流通。这一点也即是电子商务，在我国最典型的互联网代表企业是阿里巴巴。高效流通包含着信息的快速传递，不仅仅在一个地区和国家，而是在全球范围内快速流通，而这正是互联网的优势之所在。进入交换领域的产品可以称为商品，传统的商品信息要达到消费者视野内，需要广告等全覆盖的辐射，互联网当然也可以做到这一点。但是，互联网的一个重要的方面就是可以点对点地推送，通过大数据的分析，商家可以很容易知道某个消费者的偏好，从而定向推送此类商品。当然，这也是互联网的一个弊端，我们下节会谈到这个问题，即关于个人隐私的侵犯。

在销售环节，互联网经济同样也可以简化流程，商家可以通过网上购物平台直达消费者的网络终端，消费者可以在网上下订单，通过物流快速送达，从而省略了经销商等中间环节。这即是通常所说的 B2B、B2C 等电子商务模式。甚至，有的网上交换平台提供了 C2C 的销售模式，即个人对个人，也有共享模式等。这种流通方式的改变，也改变了人们的社会关系和经济增长点。如，典型的共享网站如美国的 Airbnb 公司，2015 年的市值高达近 7亿美元。人们去旅行时，解决入住问题首先不是找酒店，而是通过旅游资源共享网站，找景区附近的私人房屋，虽然这会对酒店业、旅游产品业和服务业等旅游相关产业造成一定影响，其中也可能存在着一些社会问题，但长远来看是推动旅游业结构全面优化、要素配置提升的重要路径，也是社会发展的趋向。

第 46 次《中国互联网络发展状况统计报告》表明，互联网经济对于促进我国经济内循环起到了重要的作用：

从 2013 年起，我国已连续七年成为全球最大的网络零售市场。截至 2020 年 6 月，我国网络购物用户规模达 7.49 亿，较 2020 年 3 月增长 5.5 个百分点，占网民整体的比例提升至 79.7%。面对新冠肺炎疫情的严峻挑战，网络零售市场为支撑消费增长，打通国内经济内循环提供了有力支撑。2020 年上半年，全国网上零售额达 51501 亿元，同比增长 7.3 个百分点，其中实物商品网上零售额占社会消费品零售总额的比重已达 25.2%。网络购物充分发挥促消费、助转型、保市场等作用，不断增强经济的韧性；各类网购消费节、电子消费券等有力释放了消费潜力，促进了消费回暖；跨境电商、农产品电商、生鲜电商等新模式、新业态为促进传统产业转型、带动消费回流及农产品上行提供了坚实助力；网上营销、网上交易等数字化运营方式以及电商平台资源和技术扶持，为企业和市场应对冲击提供了缓冲。①

另外，我国政府为推动产业结构调整升级，提出了供给侧改革，并大力推动发展"互联网+"。实际上，互联网本身就是一个互联互通的信息网络体系，"互联网+"的目的是推动互联网与各个产业、行业紧密结合，以推动产业升级、扩大产业影响力，创新生产、交换和消费的经营模式和体验方式。以"互联网+旅游"为例，二者的相遇，不仅意味着线上线下的结合、企业之间的技术整合以及快捷便利的旅游消费模式，更是塑造新的生态和旅游体验的新时空。

第一，"互联网+"赋予旅游新的时空交互特性。互联网极大压缩了人们的交互时间和沟通空间，旅游作为一种时空体验的活动，具有较之以往更为丰富的内容和交互手段。智慧旅游可谓是对此形象的描述，二维码、旅游景区全景扫描和便捷购票等互联网技术，可以将旅行者的时间更多聚焦于景点；旅行者也可以随时在网上发布自己的心得感受、风土情怀和人文审美，从而与好友交互。正如习近平主席在乌镇讲话指出的，互联网将世界变成了"鸡犬之声相闻"的地球村，相隔万里的人们不再"老死不相往来"。

第二，"互联网+旅游"推动了产业生态、环境生态和人文生态的融合。我国巨大的旅游需求量和有限的环境资源之间存有矛盾，这也倒逼了旅游发

---

① 《第46次〈中国互联网络发展状况统计报告〉》，中国互联网络信息中心，http：//www.cnnic.net.cn/hlwfzyj/hlwxzb g/hlwtjbg/202009/t20200929_ 71257.htm，2020 年 9 月 29 日。

展必须进行资源的优化组合、提升资源配置效率。"互联网+旅游"通过对旅游产业、互联网行业的重组与整合，打造新的产业生态。例如，通过智能移动网络，景区周围的相关产业可以得到很好的展示，农家乐、宜居酒店和特色农庄等，都随着景区互联网而进入旅游者的视野之中。

第三，"互联网+旅游"通过网络平台，打造新的环境保护、人文景观推广的路径。景区通过互联网人流预警机制，游客可以自主选择较为宽松的路线，有效缓解景区的压力。游客亦可以通过相关网络指引，快速找到停车场、厕所、垃圾箱等，对于不良文明行为有一定的制约作用。此外，有些地方开展的网上"丝绸之路"的计划和行动，通过互联网将人文历史和国家的发展战略很好地融会在一起，使得旅游者明晰地感受到传统和当代文化交融的魅力。

从而可以看出，互联网对经济社会和生产方式的影响，一方面是拯救并提升了传统的商业消费模式，掀起了新的消费主义的浪潮；另一方面是对经济和价值产出的方式和边界进行了拓展，并开启了信息经济的新时代。从这个意义上来说，互联网技术本身就是第四次工业革命也应当是恰当的，只不过这个革命的序幕刚刚拉开。

第二节　控制与异化：互联网精英与数字化霸权

互联网作为人类技术发展的新阶段，代表着人类文明的高度成就，形塑着信息时代的生产方式，拓展经济社会的发展空间，发挥着第一生产力的作用。这可以称为信息经济社会。但是，互联网作为技术工具，其本身是也并不是一种中性的存在，因为它有着自身的缺陷，在实践中也会受到社会技术，即资本和权力的控制，以及存在着信息霸权，而真理则被遮蔽，其所塑造的世界观和价值观也会变得扭曲。这种情况同样会给人带来危害。互联网时代由于其技术特性，仍然属于资本主义工业化的范畴之内，人在信息时代也会面临被互联网技术异化的风险。从而，对于互联网技术，也应抱着一种批判性的态度，使其更有利于促进人的全面自由发展。

一 互联网精英控制与"黑箱"

历史地看，任何一个时代，任何技术条件下的社会都将产生当时的精英阶层和体系。这对于互联网时代当然也不例外。从空间的角度审视之，这是由于空间的规制所使然，因为空间本身就标志了一种秩序性的存在。人们在其中生存就必然受到规则的强有力的制约和束缚。在古代，这主要是由于少数人对信仰知识的独揽；在资本主义社会则是资本家通过资本对生产和消费的控制；在互联网时代，则是少数互联网精英对信息的掌控。例如，我国古代观象授时的天文活动和历法的制定，虽然有指导农时农事的目的，但从来就不是一种纯粹的天文现象观察和规律总结，而是具有浓郁的政治气息。尤其是进入阶级社会以来，天文知识与巫术、祭祀和政治权力结合在一起，成为统治者维护权力、确保和谐秩序的一种手段。君权神授，或者说君权天授与此有着密切关系，这种政治权力观念在古代世界各大文明中都有所表现，但中国古代通过空间之建构，塑造了典型的严密而有序的统治制度和思想体系。

在资本主义时代同样如此，技术体系的建立，不可避免地导致了芒福德所谓的"巨机器"的形成，这从宏观上看，包括国家和社会本身，对于垄断资本集团亦然，它们甚至有控制国家的力量。但总体来说，以往的精英控制，主要是以从上至下的方式进行，也就是说，精英阶层制定游戏规则，而被统治的普通阶层只能在这个时空的规制中展开自我的意识和行为塑造。比如自动化的流水线作业，泰勒制生产管理方式等，这些控制手段是不考虑普通劳动者的感受、体验和认知，而是犹如对动物一般的训练。

托夫勒曾经说过："电子计算机对政治体系带来了难以数计的冲击。那些集中化的大型电子计算机也许将增加国家对个人的控制能力，但非集中的、小型的电子计算机网络却会加强个人的力量。"[①] 这段话从两个方面看都是富有道理的，而且对于互联网时代也是适用的。但有一个重要的方面，

———————————

① 〔美〕A. 托夫勒：《预测与前提》，辽宁科学技术出版社，1984，第319页。

即计算机同时增强了国家和个人的力量，但与此同时从信息的方面削弱了普通群体的可获得性。虽然通常都认为，互联网推动了民主的发展、多元化价值观的扩散以及个体自由化程度的提高，但是，这只是在一个局部的、有限的网络服务器之内，并且过分强调了分布式的服务器和个人计算机对于多元性的价值。实质上，互联网的多元性更多地体现在表达意见、身份隐匿和难以追踪的方面，但在宏观性的方面，仍然被置于根处理器的控制之下。从表象上看，互联网时代传统的精英信奉者确实减少了，多元、自由、民主、平等观点得到大众的认同，但实际上互联网更多地像是一个黑箱，对于普通的草根阶层来说，只能看到自己的输入和输出，譬如，言论的自由、网上浏览的自由等，但"黑箱"内部的运作机制则是精英阶层在操控。

"黑箱"，直接地来说，就是在事物运行的状态和过程中不透明的现象。从哲学上来说，这源自少数人对知识的掌控以及在构建现实性场景中的隐藏性。古希腊时代的毕达哥拉斯认为"万物皆数"，中世纪的神职人员独守着上帝和世界奥秘的解释权，即便到了科学时代，人们对自然的运行机制仍然不能清楚地呈现出来，以至于维特根斯坦说对于不能言说的事情只能保持沉默。互联网空间的黑箱特征，主要地并不在于硬件和软件的组合与建造，而是在于算法。从技术角度看，信息在于消除不确定性，这个消除不确定性的过程依赖于算法。但是，目前的互联网算法，如网络爬虫、PageRank 算法等，都是为了获取信息之间的相关性，算法技术呈现出较以往极为复杂的特征，法律对算法的规约方面还不完善，算法的公开性不足及其对于个体和公共安全的影响等还不能明确等，造成了计算机和互联网算法的"黑箱"。

此处所谓的算法，不仅仅是指通过计算机语言编程，数学公式的统计学应用等，还着重指算法技术在经济运行和个体行为上的运用，也即是计算机和互联网生成的时空、交互方式和信息流通模式对社会运行规则的影响。由之，正如我们之前所说的，计算机部分地代替了人的思维，算法也可以被视为一种增强或削弱，甚至有可能取代个体自我分析和决策的特殊决策技术。比如，PageRank 算法是给网页进行排序，但这种算法的排序不一定符合个体搜索想要的结果。从社会学的角度来看，成为互联网时空规制之底色的算法，伴随着互联网融入人的日常生活方式，也有可能成为构建社会秩序的某种模型和社会运行的基础规则。除了技术本身的"黑箱"特性被互联网巨头所掌控之外，互联网本身在大数据的搜集和选取方面对于互联网用户来说也是处于"黑箱"之中。我国政府有关部门对互联网公司如淘宝、京东、拼多多等通过大数据"网络杀熟"等现象进行了公开，并加强了监管。这种情况就是一种精英控制，对于互联网精英和互联网巨头来说，他们通过大数据对这种情况了如指掌，但普通的互联网用户和社会大众并不了解这种"黑箱"算法对自己权益的侵犯，此时的互联网就成了一种资本控制下，获取资本增值、损害互联网居民的权益的工具。

在计算机和互联网技术领域的"黑箱"之外，互联网精英在其表现上与以往没有什么本质的区别。英国学者对此解读了"全球网络精英"的概念。之所以说是全球网络精英，因为互联网本身就是全球化的。所谓"全球网络精英"是指后现代时期在科技社会、政治、企业等领域处于领先地位的群体和组织。要完成这一特殊群体的社会构想，需要满足两个前提条件：一是实现他们提出的宗教般"高尚的""技术物质主义"；二是致力于建立一个拥有坚实基础的社会，包括具有"完全"严肃性的政治基础，以"精英主义"为原则的人才基础和以"创造财富"为发展目标的经济基础。①

互联网精英主要在两个方面实施对个体和社会的高度影响力。一是快速的造富运动和财富高度集中。互联网目前仍处在工业体系之中，因而，资本的增值之本性仍是其内在的逻辑。互联网以其无所不在的触手，深入工业社会中资本所不能完全抓住的长尾市场，占领了几乎所有的细分领域，并由此形成了高度的垄断性。同时，由于互联网虽然分散但作为信息核心的集中性，互联网公司的财富也日益集中到少数垄断公司。例如，截至 2020 年 11 月 13 日收盘，腾讯市值 7441.9 亿美元，阿里巴巴市值 7057.38 亿美元，美

① 〔英〕约翰·阿米蒂奇、乔安妮·罗伯茨编著《与赛博空间并存——21 世纪技术与社会研究》，曹顺娣译，江苏凤凰教育出版社，2016，第 47 页。

团 2319.58 亿美元，百亿美元市值以上的互联网企业就有 36 家，占据社会财富的很大的比重。二是知识价值和概念创新的精神宣扬。这与工业社会不完全一致，以往是对物的占有作为财富的主要核心，而互联网精英似乎不愿意食人间烟火，而大多是具有"克里斯玛"式精神气质的领袖。他们宣扬互联网各种新奇观念的价值和财富意义，给个体灌输着新式的"富翁梦"。这种精英思想控制主要是在经济领域，因为互联网目前还没有完全达到如老牌垄断工业那样对权力的影响力，毕竟互联网公司虽然财富煌煌，但崛起也不过是 21 世纪以来的事情。

二　信息的匮乏：数字化霸权与被遮蔽的真理

吴国盛先生曾见过技术性哲学的历史性缺乏。其中一个主要的原因在于技术本身，是由于技术的一个特点叫作"自我隐蔽"。为此，他举了个例子，比如有很多人戴着眼镜，当眼镜正常发挥作用的时候，它是不会被你看到或有异样的感觉，如果你感觉到眼镜存在的话，那就是眼镜坏了。眼镜坏了的时候，你才会发现它的存在。当它正常发挥作用的时候，它产生了一种自我的退避，这就是自我隐蔽。这与人体内脏器官的工作情况也类似，平常我们感觉不到胃的存在，一旦感觉到了，比如胃疼、胃酸，那么胃这个工具就出问题了。[①]

任何技术和工具一旦成为我们日常生活的一个组成部分，或者与我们的身体、现实的情形相默契，那么，一般情况下，我们就不会知觉到这种技术或工具的存在及功能性。互联网经过几十年的发展，虽然比较落后的发展中国家网络信号、速度和覆盖率还不高，但从整体上看，互联网已经成为我们这个时代的基本生存设备。第 46 次《中国互联网络发展状况统计报告》显示：截止到 2020 年 6 月，我国网民规模达 9.40 亿，互联网普及率达67.0%，我国手机网民规模达 9.32 亿，网民使用手机上网的比例达 99.2%。我国农民网民规模为 2.85 亿，城镇网民规模为 6.54 亿，二者分别占网民整

---

① 吴国盛：《技术哲学演讲录》，中国人民大学出版社，2016，第 124 页。

体的 30.4% 和 69.6%。从这些数据可以看出，我国互联网基础设施建设覆盖面广，互联网接入人数多。对于出生在 20 世纪 90 年代的人来说，他们可谓是互联网的原住民了，互联网就如我们的眼镜和心脏一样，成为我们生活生存不可缺少的组成部分。

从这个意义上来说，互联网对于我们是"日用而不知"的一种状态。在互联网之中，任何东西都是被数字化的，诸如我们的存款、电子驾照、身份信息等。我们也从网上随时获取自己想要得到的信息或知识。但这些只是一种表象，正如技术的"自我隐蔽"，当无处不在的信息成为我们生活的常态，反而产生了信息的匮乏，也即是数字化的匮乏。关于匮乏的问题，不能完全等同于西方古典经济学和新古典学派的"资源稀缺"论。如诺贝尔经济学奖获得者，新古典综合学派萨缪尔森认为，现代西方经济学的理论基点认为资源是稀缺的，并是产生"效率"的关键性概念。[①] 计算机和互联网技术本质上也是追求效率的，追求更快的运算速度、更快的信息传递方式，通信系统从 2G 到 3G 到 4G，再到 5G，都是为了更快更多地处理信息问题。信息在互联网的数字化时代，较之以往可以说是泛滥的，并不是稀缺，但隐藏着信息的匮乏性。这种匮乏源自信息的搜集、分配以及对个人有效性信息的选择方面。

从现象的角度来看，这主要是由于信息的分配。我们在上节谈了互联网的价值和实践，其积极的方面在于世界观方面的自由、去中心化等，以及经济社会领域的生产和流通，这是我们从计算机和互联网技术禀赋之中得到的直接表象，但互联网作为技术体系的成长态势，以及它对人的反应与互动之境况，与人们对之的憧憬并不完全匹配。这就涉及互联网的分配，在分配领域，尤其是信息的分配领域，造成了严重的失衡。互联网要想获取信息，需要先搜集信息，在这方面，互联网大数据技术远远优于过去的问卷调查和民意测验，而且在互联网所谓隐藏身份和匿名的情况下，很多个体都不设防地表达出自己的真实意愿和想法。这对于大数据的分析提供了非常有利的条件。

——————

① 保罗·萨缪尔森、威廉·诺德豪斯：《经济学》，萧琛译，人民邮电出版社，2008，第 4 页。

但是，这种信息并不是人人都是随时获取，并为己所用。恰恰相反，这样的庞大而真实的数据，被互联网私人公司所窃取，并成为了解个体的有效手段。从而，在互联网时代，信息与以往的商品不同，它可以无限次被下载和分享，而原有的信息源并不会因此而减少价值或数量。但信息并不能因个体的需求而随意取得，除了付费之外，也因为互联网精英阶层的霸权和控制。

从这个意义上来说，对于一些网民来说，互联网的信息大多充斥着无意义的比特，对于生存于其中的互联网居民来说，很大程度上迷失在了信息的幽暗森林中，很难找到自己本真所需的信息和前行的路径。而每一个路标和岔路口，引导你前进的标志，都有可能是互联网私人公司所设定好的程序。比如，每当笔者登录电商，也没什么直接的目的性，而是就如逛商场那样随意溜达，笔者可以看到不一样的风景，毕竟线下实体店的装饰不可能时时在变。笔者的确看到了不一样的商品，但是这种商品都是曾经浏览过的同类型的东西，大数据窃取了笔者的喜好，不顾笔者是否有实际的需求，未经笔者的同意向其推送，占据了其屏幕界面，同时也遮蔽了笔者进一步开阔的视野。每当笔者想寻求新的事物，却都迷离在信息的汪洋里。

海德格尔曾经说，现代技术是我们的天命，是现代人的"座架"。以前的工业化座架与互联网有所差异，工业化座架设定好了目的，人在其中有着直接的目的性，只不过这种目的是异化的、物化的，或非人化的。互联网虽然还保留有工业时代显著的"非人化"特征，但它已经不仅仅是"座架"式的工业技术，我们在第二章曾经说过，互联网减弱了人的精神和心灵对现实性场景的感受性，它在物理时空"去远"（即时通信）的同时也造成"上手"（定位和场所）的隔膜，它让世界浮泛着碎片化的意见而真理往往被遮蔽等。在工业化时代，人们没有选择的自由，互联网时代人们没有"不选择"的自由。这一方面说明信息并非稀缺，但我们却仍然在自主性和自我全面发展能力方面匮乏。

数字化的匮乏不仅仅体现在互联网个体居民身上，在不同民族、国家和地区之间也体现出了数字化的匮乏与西方的霸权。在互联网语言、传媒影响力和渗透力方面，数字化霸权也体现出了西方的文化霸权。西方马克思主义者安东尼奥·葛兰西提出了文化霸权的社会批判理论，其含义是指在某个群体的操控下所形成的一种广为公众接受和内在化的主宰性世界观。从这个层面上说，数字化霸权是西方的文化霸权。据统计，全球互联网内容的80%以上为英文，而以英文为母语的人数只占全球总数的10%。

结　语

党和政府高度重视互联网与数字化科技的发展与应用。2015 年，我国政府提出"互联网+"行动计划，2017 年党的十九大报告明确提出建设数字中国。2022 年 7 月 23 日，第五届数字中国建设峰会发布了《数字中国发展报告（2021 年）》，数字化建设取得了显著的成就，互联网普及率大幅度提升、5G 基站建设全球领先、数字经济规模居世界第二、数据产量占全球比重稳步提升。

从哲学的反思角度而言，由计算机与网络科技所引发的数字化革命，塑造了与传统数字思想迥异的生存时空与存在方式，且已成为人们认知思维和日常生产生活的底层逻辑、深层结构与交往方式，也是时代精神的生长点和哲学变革的深刻动因。

科学技术及其本质有着多重的内涵、解读及意义。本书从空间哲学的视域来审视之。空间视域下的技术问题，直接嵌入了人本身及人的生命活动与生存的结构及过程之中。虽然技术的日益进步与发展，展现了科技的开放性与进化特质，但技术之发生及其渐次演变却表现出了体系化、模式化和界域化的特征，这是人的生命展现与突围的必由之路，亦即人的生存交替沉浮与掩蔽开拓的路径之表征。如此一来，将技术与空间相结合而论，则是一种自然而然的思路。

技术之发生，在进化和生存层面的逻辑始源，是人的自我意识的诞生，以及人由之而感知到自我（族群、领地等）与自然（事物）、他者（群体、存在者）的分离，这种分离也包括自我与自身，即身心的冲突与张力。这种分离是一种无可逾越的永久性告别，是内置于宇宙的法则。这种分离亦是一种被意识到的空间之境遇和生存之途径。人的生存本质，就在于通过各种方式弥合这种分离，将人复归于本真的融合，但也许这是一个无限接近而不可达到的永恒旅程。

本书认为，这种分离可被视为技术在发生学意义上的原点，技术是人通向与世界融合的必由之路，它可以表现为科学技术（如计算机）、身体技术（如各种仪式）、心理技术（如信仰）等。

马克思在《德意志意识形态》中说，有生命的个人的存在和人类生存，是一切历史的第一个前提。第二个事实是，已经得到满足的第一个需要本身、满足需要的活动和已经获得为满足需要而用的工具又引起新的需要，而这种新的需要的产生是第一个历史活动。自我意识是这种需要的自觉地、社会性的产物。马克思指出："人们之间一开始就有一种物质的联系。这种联系是由需要和生产方式决定的，它和人本身有同样长久的历史；这种联系不断采取新的形式，因而就表现为历史。……凡是有某种关系存在的地方，这种关系都是为我而存在的；动物不对什么东西发生'关系'，而且根本没有'关系'；对于动物来说，它对他物的关系不是作为关系存在的。"①

正如牛顿对引力和空间的探索，以及大工业生产的物质能量的"窑变"而形成的生存之结构，塑造了近代以来特有的绝对时空。这亦充分说明了科学技术在人的生活与存在之意义上寓于空间的栖合关系及生存方式，虽然它并不是唯一的，也不是永恒的。

薛定谔从科学的角度提出一个观点，即"生命以负熵为生，人活着的意义，就是不断对抗熵增的过程"，他所言的"意义"实质上正是在于技术与空间的既分离又切近的过程。人的生活与存在，是靠吸取负熵而得以形成自组织，负熵何以能够被吸取？单靠人的机体的自组织，是不足以获取足够的负熵而生。技术是负熵的引流与蓄积的根本。因而，技术的进化是为引流而开渠，其体系化模式化界域化是为蓄积围合边界，正如人的皮肤既散热又

---

① 《马克思恩格斯文集》（第1卷），人民出版社，2009，第533页。

保持热量。

　　虽然技术在不同时代的表现形态和体系不尽一致，其首要的目的都在于构造人生存的时空，即维持人与其他事物（自然、社会、他人）信息、能量的交互以及生存位置和情态的构造。马克思说，意识本身究竟采取什么形式，这是完全无关紧要的。……三个因素即生产力、社会状况和意识，彼此之间可能而且一定会发生矛盾。技术在这个矛盾中不断螺旋式前进，技术的体系化以及模块化，即技术的空间构成，也塑造了马克思所谓的农业时代"人的依赖"和工业时代"物的依赖"的生存方式，从而，"生活的生产方式以及与此相联系的交往形式就在这些束缚和界限的范围内运动着"。

　　因而，技术乃是属人的一种空间结构状态与空间形构模式。在哲学领域，人们对空间的认知表现为三种形式：关系论、属性论和实体论。从技术角度来看，技术之空间既是上述三者的综合，同时也在生活与实践的特定范围内融合无碍地构建着人的生存之境遇，它提供了人本身的生存与栖居之再融入的可能性与现实性。不同的时代，技术形塑着不同的空间结构，它反映了人与世界的某种程度的结构性对应，即人意识到自我的分离并向着整体性回归的内在精神动因和创造冲动。这种分离本质上是永久性的，虽可无限接近融合却不可穷尽。它是希腊神话中坦塔罗斯的宿命，却是人创造的永恒源泉。

　　从农业时代到工业时代，技术塑造的空间发生了显而易见的嬗变。目前，人类已经进入到电子量子时代，空间及其中的人的生存方式，发生了颠覆性的变革。计算机与互联网科技的突破与发展，如经脉毛细血管一般汇聚又散布。在其中，去中心化大数据与分散式节点交汇又离散，数字化信息经由各种电子终端设备与"元宇宙"装备，以沉浸、交互、参与、虚拟等方式产生着新的生命体验、个性心理、整体性精神拟象以及用户价值创造与中心化自主性。互联网技术诸如 AI、区块链、云计算等以前所未有的深度与广度和超乎想象的力度渗入到人们的日常生活之中，日益塑造着新的生存时空与存在方式，逐渐成为人们日用而不知的一种生活方式。

　　除却传统的物理时空，人们当下又生存于数字化的复合型时空之中，二者相互映射、交叠、间融而构筑了一种新的世界模式与自我定位。与以往的技术时代相比较而言，在一定程度上，计算机与互联网的技术时空模式，在"互联网+"空间运作法则之上统合了生存的时间性，加深了人与世界的关联，建构了生存的整体性结构。从当前的现实生活和生产方式看，国家提出"互联网+"战略，不仅是互联网技术与生产生活业态相关联，也是通过广泛意义上的创新与革新的指导理念，整合数字化的各种技术手段，加速推进互联网作为一个综合性的时空要素，发挥着整体性和拓扑性相耦合的社会发展效应，提升生产生活的开放性和超越性。

互联网作为当前科技前沿领域和技术革命的主导力量，在人们生产生活中发挥着巨大的作用。它植入人的生存和精神之迅捷和深广，超越以往所有时代。它构造了人们新的生存方式、交互方式与思维方式，既是人们生产生活的物质性力量，也是时代精神创新性成长的根源，尤其是时空的观念，较之往昔世代有着颠覆性的变革。

本书从空间的视域对互联网技术及"互联网+"的哲学意蕴与时代精神进行探索，希望对互联网技术哲学研究有些微启发。互联网技术极为复杂，影响极其广泛，其发展方兴未艾，未来的生存图景和生活画卷正徐徐展开。

参考文献

[1] 王弼：《周易注》，楼宇烈校释，中华书局，2016。

[2] 王弼：《老子道德经注》，楼宇烈校释，中华书局，2016。

[3] 司马迁：《史记》，岳麓书社，2008。

[4] 郭象注、成玄英疏《庄子注疏》，中华书局，2016。

[5] 王世舜、王翠叶译注《尚书》，中华书局，2014。

[6] 徐正英、常佩雨译注《周礼》，中华书局，2014。

[7] 杨坚校：《吕氏春秋·淮南子》，岳麓书社，1998。

[8] 曹础基、黄兰发点校《庄子注疏》，中华书局，2016。

[9] 王力波：《列子译注》，黑龙江人民出版社，2004。

[10] （清）王仁俊辑《玉函山房辑佚书续编三种》，上海古籍出版社，1989
    年影印版。

[11] 李学勤主编《十三经注疏·尔雅注疏》，北京大学出版社，1999。

[12] 李道平撰，潘雨廷点校《周易集解纂疏》，中华书局，2016。

[13] 管锡华译注《尔雅》，中华书局，2017。

[14] 崔大华著《庄子歧解》，中华书局，2012。

[15] 魏明安、赵以武：《傅玄评传——附杨泉评传》，南京大学出版社，1996。

[16] 吴国盛：《古希腊空间概念》，中国人民大学出版社，2010。

[17] 冯鹏志：《延伸的世界：网络化及其限制》，北京出版社，1999。

[18] 冯雷：《理解空间：20世纪空间观念的激变》，中央编译出版社，2017。

[19] 阿里研究院：《互联网+未来空间无限》，人民出版社，2015。

[20] 方立天：《中国古代哲学》（第5卷），中国人民大学出版社，2006。

[21] 鲍宗豪主编《网络与当代社会文化》，生活·读书·新知三联书店，2001。

[22] 北京大学哲学系、外国哲学史教研室编译《西方哲学原著选读》，商务印书馆，2003。

[23] 郭良：《网络创世纪——从阿帕网到互联网》，中国人民大学出版社，1998。

[24] 朱剑飞：《中国空间策略：帝都北京》，诸葛净译，生活·读书·新知三联书店，2017。

[25] 葛兆光：《中国思想史》，复旦大学出版社，2005。

[26] 秦家懿：《德国哲学家论中国》，生活·读书·新知三联书店，1993。

[27] 汪安民等主编《后现代性哲学话语》，浙江人民出版社，2000。

[28] 苗力田主编《亚里士多德全集》（第七卷），中国人民大学出版社，2015。

[29] 肖前、李秀林：《辩证唯物主义原理》，人民出版社，1991。

[30] 贾英健：《虚拟生存论》，人民出版社，2011。

[31] 徐世甫：《虚拟生存论导论》，上海社会科学出版社，2013。

[32] 金枝：《虚拟生存》，天津人民出版社，1997。

[33] 汪成为：《人类认识世界的帮手——虚拟现实》，清华大学出版社，2000。

[34] 汪成为：《灵境漫话——虚拟技术演义》，清华大学出版社，1996。

[35] 吴宁：《日常生活批判——列斐伏尔哲学思想研究》，人民出版社，2007。

[36] 吴国盛：《技术哲学演讲录》，中国人民大学出版社，2016。

[37] 姜振寰：《技术哲学概论》，人民出版社，2009。

[38] 徐长福：《走向实践智慧》，社会科学文献出版社，2008。

[39] 鲁杰：《网络时代的信息安全》，中原农民出版社，2000。

[40] 邬焜、成素梅主编《信息时代的哲学精神》，中国社会科学出版社，2016。

[41] 张一兵：《斯蒂格勒〈技术与时间〉构境论解读》，上海人民出版社，2018。

[42] 吴军：《数学之美》，中国工信集团，人民邮电出版社，2019。

[43] 吴军：《浪潮之巅》，中国工信出版集团，人民邮电出版社，2020。

[44] 衣俊卿：《文化哲学十五讲》，北京大学出版社，2015。

[45] 董琳：《宗教文化的空间符号表征与实践》，社会科学文献出版社，2018。

[46] 朱伯昆主编《国际易学研究》（第五辑），华夏出版社，1999。

[47] 〔德〕恩斯特·布洛赫：《希望的原理》，梦海译，上海译文出版社，2012。

[48] 〔德〕马丁·海德格尔：《存在与时间》，陈嘉映、王庆节译，生活·读书·新知三联书店，2014。

[49] 〔德〕布莱兹·帕斯卡尔：《思想录》，何兆武译，商务印书馆，1985。

[50] 〔德〕马丁·海德格尔：《演讲与论文集》，孙周兴译，生活·读书·新知三联书店，2011。

[51] 〔德〕海德格尔：《路标》，孙周兴译，商务印书馆，2001。

[52] 〔德〕马丁·海德格尔：《存在与时间》，陈嘉映、王庆节译，生活·读书·新知三联书店，2011。

[53] 〔德〕马丁·海德格尔：《人，诗意地安居》，郜元宝译、张汝伦校，上海远东出版社，2011。

[54] 〔德〕马丁·海德格尔：《形而上学是什么?》，《路标》，孙周兴译，商务印书馆，2001。

[55] 〔德〕卡西尔：《人论》，甘阳译，上海译文出版社，2020。

[56] 〔德〕霍克海默、阿道尔诺：《启蒙辩证法》，渠敬东、曹卫东译，上海人民出版社，2006。

[57] 〔德〕伊曼努尔·康德：《纯粹理性批判》，李秋零译，中国人民大学出版社，2009。

[58] 〔德〕克劳斯·施瓦布：《第四次工业革命》，李菁译，中信出版社，2017。

[59] 〔德〕H.-O. 派特根、P.H. 里希特：《分形——美的科学》，井竹君、章祥荪译，科学出版社，1994。

[60] 〔美〕蒂姆·伯纳斯-李、马克·菲谢蒂：《编织万维网》，上海译文出版社，1999。

[61] 〔美〕华莱士：《互联网心理学》，中国轻工业出版社，1999。

[62] 〔美〕曼纽尔·卡斯特：《网络社会的崛起》，社会科学文献出版社，2001。

［63］〔美〕迈克尔·德图佐斯：《未来会如何》，上海译文出版社，1999。

［64］〔美〕N. 维纳：《控制论》，郝季仁译，科学出版社，1985。

［65］〔美〕刘易斯·芒福德：《城市发展史——起源、演变和前景》，刘俊岭、倪文彦译，中国建筑工业出版社，2005。

［66］〔美〕马克·波斯特：《第二媒介》，南京大学出版社，2000。

［67］〔美〕刘易斯·芒福德：《城市文化》，宋俊岭、李翔宁、周鸣浩译，中国建筑工业出版社，2009。

［68］〔美〕马克·波斯特：《信息方式——后结构主义与社会语境》，范静哗译，商务印书馆，2014。

［69］〔美〕刘易斯·芒福德：《技术与文明》，陈允明等译，中国建筑工业出版社，2009。

［70］〔美〕戴维·哈维：《正义、自然和差异地理学》，胡大平译，上海人民出版社，2015。

［71］〔美〕约翰·基西克：《理解艺术——5000 年艺术大历史》，水平、朱军译，海南出版社，2003。

［72］〔美〕尼古拉·尼葛洛庞帝：《数字化生存》，胡泳、范海燕译，电子工业出版社，2017。

［73］〔美〕卡斯特：《网络星河》，社会科学文献出版社，2007。

［74］〔美〕丹齐克：《数——科学的语言》，商务印书馆，1985。

［75］〔美〕阿西莫夫：《数的趣谈》，洪丕柱、周昌忠译，上海科学技术出版社，1980。

［76］〔美〕迈克尔·海姆：《从界面到网络空间——虚拟实在的形而上学》，金吾伦、刘钢译，上海科技教育出版社，2002。

［77］〔美〕刘易斯·芒福德：《机器的神话（上）：技术与人类进化》，宋俊岭译，中国建筑工业出版社，2015。

［78］〔美〕马克·波斯特：《信息方式——后结构主义与社会语境》，范静哗译，商务印书馆，2014。

［79］〔美〕爱德华·W. 苏贾：《第三空间——去往洛杉矶和其他真实和想

象地方的旅程》，陆扬等译，上海教育出版社，2005。

[80] 〔美〕詹姆斯·格雷克：《信息简史》，高博译，人民邮电出版社，2017。

[81] 〔美〕托马斯·A. 西比奥克、〔加〕马塞尔·德尼西：《意义的形式：建模系统理论与符号学分析》，余红兵译，四川大学出版社，2016。

[82] 〔美〕埃德温·阿瑟·伯特：《近代物理科学的形而上学基础》，张卜天译，商务印书馆，2018。

[83] 〔美〕约翰·洛西：《科学哲学的历史导论》，张卜天译，商务印书馆，2017。

[84] 〔美〕A. 托夫勒：《预测与前提》，辽宁科学技术出版社，1984。

[85] 〔美〕保罗·萨缪尔森、威廉·诺德豪斯：《经济学》，人民邮电出版社，2008。

[86] 〔美〕尼古拉斯·卡尔：《浅薄：互联网如何毒化了我们的大脑》，刘纯毅译，中信出版社，2010。

[87] 〔美〕弗洛姆：《健全的社会》，孙恺祥译，上海译文出版社，2011。

[88] 〔美〕戴维·哈维：《正义、自然和差异地理学》，胡大平译，上海人民出版社，2015。

[89] 〔美〕D. 洛耶编著《进化的挑战：人类动因对进化的冲击》，胡恩华等译，社会科学文献出版社，2004。

[90] 〔英〕牛顿：《自然哲学的数学原理》，商务印书馆，2009。

[91] 〔英〕B. K. 里德雷：《时间、空间和万物》，李泳译，湖南科学技术出版社，2007。

[92] 〔英〕李约瑟：《中华科学文明史》，上海交通大学科学史系译，上海人民出版社，2003。

[93] 〔英〕彼得·本特利：《计算机：一部历史》，顾纹天译，电子工业出版社，2015。

[94] 〔英〕约翰·阿米蒂奇、乔安妮·罗伯茨编著《与赛博空间并存——21 世纪技术与社会研究》，曹顺娣译，江苏凤凰教育出版社，2016。

［95］〔英〕李约瑟：《文明的滴定》，张卜天译，商务印书馆，2016。

［96］〔法〕昂利·彭加勒：《科学与假设》，李醒民译，商务印书馆，2008。

［97］〔法〕莫里斯·梅洛-庞蒂：《知觉现象学》，姜志辉译，商务印书馆，2005。

［98］〔法〕贝尔纳·斯蒂格勒：《技术与时间：爱比米修斯的过失》，裴程译，译林出版社，2019。

［99］〔法〕米歇尔·福柯：《规训与惩罚》，刘北成、杨元婴译，生活·读书·新知三联书店，1999。

［100］〔法〕列维-布留尔：《原始思维》，丁由译，商务印书馆，2017。

［101］〔法〕让·波德里亚：《象征交换与死亡》，车槿山译，译林出版社，2016。

［102］〔法〕亚历山大·柯瓦雷：《从封闭世界到无限宇宙》，张卜天译，北京大学出版社，2008。

［103］〔法〕柏格森：《时间与自由意志》，吴士栋译，商务印书馆，1997。

［104］〔意〕卢西亚诺·弗洛里迪主编《计算机与信息哲学导论》，刘钢译，商务印书馆，2010。

［105］〔匈〕卢卡奇：《历史与阶级意识》，杜章智、任立、燕宏远译，商务印书馆，2014。

［106］〔俄〕B.M.罗津：《技术哲学：从埃及金字塔到虚拟现实》，张艺芳译，姜振寰校，上海科技教育出版社，2018。

［107］〔荷〕E.J.戴克斯特霍伊斯：《世界图景的机械化》，张卜天译，湖南科学技术出版社，2010。

［108］〔以色列〕尤瓦尔·赫拉利：《人类简史——从动物到上帝》，林俊宏译，中信出版社，2015。

［109］〔瑞士〕皮亚杰：《结构主义》，商务印书馆，2010。

［110］〔美〕曼纽尔·卡斯特：《网络社会的崛起》，夏铸九等译，社会科学文献出版社，2001。

［111］〔意〕乔尔丹诺·布鲁诺：《论无限、宇宙与众世界》，商务印书馆，2015。

［112］〔法〕亚历山大·柯瓦雷：《从封闭世界到无限宇宙》，张卜天译，北

京大学出版社，2008。

[113]〔古希腊〕亚里士多德：《尼各马可伦理学》，苗力田译，中国社会科学出版社，1990。

[114]〔古希腊〕赫西俄德：《神谱》，张竹明、蒋平译，商务印书馆，2009。

[115]〔古希腊〕亚里士多德：《物理学》，张竹明译，商务印书馆，2016。

[116]〔古罗马〕斐洛：《论〈创世记〉》，王晓朝、戴伟清译，商务印书馆，2015。

[117]〔意〕乔尔丹诺·布鲁诺：《论无限、宇宙与众世界》，商务印书馆，2015。

[118]〔加〕马歇尔·麦克卢汉：《理解媒介——论人的延伸》，周宪、许钧译，商务印书馆，2000。

[119]〔日〕矢泽久雄：《计算机是怎样跑起来的》，胡屹译，中国工信出版集团、人民邮电出版社，2020。

[120]《马克思恩格斯选集》（第1卷），人民出版社，1995。

[121]《马克思恩格斯文集》（第1卷），人民出版社，2009。

[122]《马克思恩格斯文集》（第8卷），人民出版社，2009。

[123]《马克思恩格斯全集》（第3卷），人民出版社，1995。

[124]《马克思恩格斯选集》（第4卷），人民出版社，1995。

[125]《1844年经济学哲学手稿》，人民出版社，1985。

[126]《列宁全集》（第38卷），人民出版社，1984。

[127]《哲学笔记》，人民出版社，1979。

[128]刘钢：《机器、思维与信息的哲学考察与莱布尼茨的二进制级数和现代计算机科学的关系》，《心智与计算》2007年第1期。

[129]朱建平：《莱布尼茨逻辑学说及其当代影响》，《浙江大学学报（人文社会科学版）》2015年第3期。

[130]郭斌：《从康德的理性观看计算机时空的构建——从计算机的角度来看时间与空间》，《自然辩证法研究》2003年第8期。

[131]陈美东：《张衡〈浑天仪注〉新探》，《社会科学战线》1984年第3期。

[132]常晋芳：《网络哲学论纲》，《现代哲学》2003年第1期，第40页。

［133］ 张法：《哲学基本概念"事物"在中文里应为何义》，《社会科学》2013 年第 3 期。

［134］ 姜奇平：《中国网络的信息哲学》，《互联网周刊》2016 年 1 月 10 日。

［135］ 董琳：《儒家"大一统"思想的空间观》，《中原文化研究》2018 年第 6 期。

［136］ 中国互联网络信息中心：第 46 次《中国互联网络发展状况统计报告》。http：//www. cnnic. net. cn/hlwfzyj/hlwxzbg/hlwtjbg/202009/t2020　0929＿71257. htm。

［137］ Albert Borgmann, *Holding onto Reality*：*The Nature of Information at the Turn of the Millennium*, University of Chicago Press, 1999.

［138］ Mark Poster, *What's the Matter with the Internet*, The university of Minnesota Press, 2001.

［139］ AlbertBorgmann, "Reply To My Critics", *Technology and The Good Life?* (eds.) Eric Higgs, *Andrew Light and David Strong*, Chicago：University of Chicago Press, 2000.

图书在版编目(CIP)数据

空间与技术:"互联网+"时代的生存与实践 / 董
琳著. -- 北京:社会科学文献出版社,2022.11(2023.9 重印)
(中原智库丛书. 青年系列)
ISBN 978-7-5228-0921-2

Ⅰ.①空…　Ⅱ.①董…　Ⅲ.①互联网络-研究　Ⅳ.
①TP393.4

中国版本图书馆 CIP 数据核字(2022)第 197101 号

中原智库丛书·青年系列
空间与技术:"互联网+"时代的生存与实践

著　　者 / 董　琳

出　版　人 / 冀祥德
组稿编辑 / 任文武
责任编辑 / 王玉霞
责任印制 / 王京美

出　　　版 / 社会科学文献出版社·城市和绿色发展分社 (010)59367143
　　　　　　地址:北京市北三环中路甲 29 号院华龙大厦　邮编:100029
　　　　　　网址:www. ssap. com. cn
发　　　行 / 社会科学文献出版社 (010)59367028
印　　　装 / 唐山玺诚印务有限公司

规　　　格 / 开　本:787mm × 1092mm　1/16
　　　　　　印　张:15.75　字　数:242 千字
版　　　次 / 2022 年 11 月第 1 版　2023 年 9 月第 2 次印刷
书　　　号 / ISBN 978-7-5228-0921-2
定　　　价 / 88.00 元

读者服务电话:4008918866